板 料 冲 压

施于庆　祝邦文　著

ZHEJIANG UNIVERSITY PRESS

浙江大学出版社

图书在版编目（CIP）数据

板料冲压 / 施于庆，祝邦文著. —杭州：浙江大
学出版社，2015.12
ISBN 978-7-308-15278-5

Ⅰ.①板… Ⅱ.①施… ②祝… Ⅲ.①板料冲压
Ⅳ.①TG386.41

中国版本图书馆 CIP 数据核字（2015）第 252470 号

内容提要

本书为板料冲压专著，主要内容包括：金属板料冲压作业及基本要求、金属板料成形模拟及冲模的模拟速度、弯曲成形及弯曲回弹的控制、汽车覆盖件拉深工艺分析和拉深缺陷预测、拉深件原始坯料的确定及作用、多加强肋胀形、拉深成形及抑制拉深缺陷的研究等。

本书适合作为从事板料冲压、冲压模具设计与制造等相关领域的研究人员、工程技术人员，本科高年级学生和研究生等的参考用书。

板料冲压

施于庆　祝邦文　著

责任编辑	杜希武
责任校对	余梦洁
封面设计	刘依群
出版发行	浙江大学出版社
	（杭州市天目山路 148 号　邮政编码 310007）
	（网址：http://www.zjupress.com）
排　　版	杭州金旭广告有限公司
印　　刷	富阳市育才印刷有限公司
开　　本	710mm×1000mm　1/16
印　　张	9.25
字　　数	171 千
版 印 次	2015 年 12 月第 1 版　2015 年 12 月第 1 次印刷
书　　号	ISBN 978-7-308-15278-5
定　　价	39.00 元

前 言

　　板料冲压是一门技术科学,它在许多机械产品或零件的制造中具有不可替代的作用,被广泛应用于汽车、航空航天、军工、电机、仪表、家用电器等板料零件的生产。由于生产发展的需要和计算机的应用,近年来板料生产技术发展较快,我国学者做了许多贡献。

　　板料零件的生产包括冲裁、弯曲、拉深等多种工序,或者是多种工序的组合。合理的板料零件的生产工艺或工艺流程,是保证产品生产周期和成本等的前提条件,而板料零件的尺寸、形状及精度等诸多产品品质因素,又取决于模具的结构设计、加工、装配及调试。虽然板料生产技术在不断地提高,但还是有许多问题亟待探讨、分析与解决。例如何控制板料弯曲零件的回弹,这其中涉及因素较多,包括冲压件材料、弯曲工艺与模具结构等;再如如何抑制板料拉深过程中的拉裂与起皱、复杂拉深件成形的可能性与可靠性,这涉及板料成形的分析、评估及预测,极限成形性能提高,拉深缺陷的抑制或消除等。一般的冲压件生产采用新工艺、新技术的似乎并不多,现有大多数板料零件的生产还是依据传统的设计方法,原因在于有些新工艺或新技术还不够成熟,效果不够明显,或是采用这些技术来解决冲压生产中遇到的技术问题成本过高。例如生产复杂成形件,传统生产过程是:设计制造成形模具;根据经验法大致确定原始坯料形状;在此基础上,采用多次试错直到得到精确毛坯形状和尺寸,再根据精确的毛坯形状和尺寸制造落料模;后续生产流程按先落料后成形的顺序来进行生产。现代生产过程是:先由计算机反向模拟得到初始毛坯,由于反向模拟得到的初始毛坯与真实毛坯还有一定的误差,还要在成形模上进一步试错得到精确毛坯。即反向模拟得到的毛坯与经验丰富的冲压工艺员估计得到的毛坯都要经过试错来确定最终精确的坯料。

　　本书是根据作者多年来冲压研究及实践,结合在有关专业刊物发表的学术论文,经过补充、修改和整理而写成的,包含作者多年的研究成果。因此,作者在力求系统地阐述板料冲压的一般方法时,尽量把作者自己的学术成果所反映的新概念穿插进来。例如,在提高板料极限成形能力方面,提出了板料工艺孔和凹模圆角工艺孔拉深方法;深筒形件一次拉深的夹紧凹模的条件;摩擦因素对拉深成形的影响;如此等等,提出比较实用的工艺方法来解决实际生产中的板料冲压问题。

本书由浙江科技学院施于庆和祝邦文撰稿。全书由施于庆统稿,本书的理论部分参考了徐秉业和陆润民等前辈的著作。

在本书的写作和出版过程中,得到许多专家、同行及朋友的悉心指导和帮助,并提出了许多宝贵意见,在此表示衷心感谢。由于编者理论水平和经验有限,书中难免有不当和错误之处,恳请读者批评指正。

施于庆

2015 年 9 月

目　录

第 1 章　金属板料冲压作业及基本要求

1.1　冲压作业特点

一个产品由不同的零件组成,有些零件的形状比较相似,而有些则差别很大。机械或机器零件的生产或加工方法同样也有相同或完全不同的。机械加工或切削加工,是通过安装在机床上的夹具,完成对块状或棒料金属等的如切削、铣削或钻削等加工,得到的一定形状和尺寸的机械或机器零件。冲压加工或冲压生产是通过安装在冲床上的冲压模具,使金属板料及其他少数非金属板料(板料厚度一般≤13mm)在局部或整体上产生塑性变形,实现分离、形状的变化或材料的转移,来获得所需要形状和尺寸的板料零件或产品的加工方法。图 1.1 所示分别是机械加工和冲压加工所得到的部分机械产品或零件。

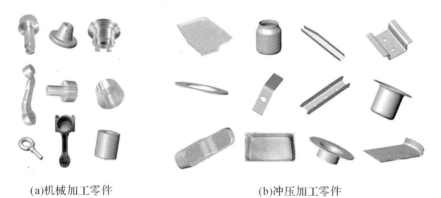

(a)机械加工零件　　　　　　　　　　(b)冲压加工零件

图 1.1　机械加工和冲压加工所得到的机械产品或零件

一个冲压件产品或零件从设计到能够安装使用,要经过:①冲压件结构、形状及尺寸设计;②冲压件工艺分析,包括计算机模拟辅助结构分析和工艺分析;③模具设计;④模具制造;⑤模具的调试及修改;⑥试冲冲压件及修改;⑦冲压件生产。冲压件设计主要考虑的是:冲压件的结构、形状、尺寸、强度、刚度、材料、使用性及与之相装配零件的关系等;冲压工艺分析要考虑的是:生产批量、冲压可行性、生产条件、冲压工艺方案及方案的比较、冲压工艺流程等;模具设计要考虑模具结构的工作原理、操作的方便性(如送料和取料)及模具的安全性;模具调试要求模具设计人员、模具制造人员及冲压工艺分析人员等在冲压生产现场共同参与进行,这也是冲压件从设计到试生产的重要的一步。如果冲压件没有达到设计要求,就可能要进行模具结构或模具材料修改,或进行冲压件材料、结构修改,等等。冲压件是否冲压成功,除了冲压件设计人员外,冲压工艺人员和模具调试人员同样起着十分重要的作用。很多情况下,模具设计与制造人员、冲压工艺人员和模具调试人员如果没有丰富的经验,是难以胜任的。如汽车生产制造企业,一辆汽车有 2 万多个零件,其中约80%是冲压件,因此,最好能使汽车冲压件产品设计人员与模具设计人员或冲压工艺人员相互对换所从事设计工作的一部分内容,使汽车冲压件设计者了解和熟悉产品或零件的冲压工艺,而模具设计人员也同时熟悉汽车冲压件产品或零件的结构和装配要求。如冂匸形弯曲件一类的冲压件(图 1.2),若零件底部没有设计工艺孔,冲压时,对弯曲件的压制成形可能会造成左或右偏移。如果设计时增加底部工艺孔,可以用此工艺孔定位压制成形,则成形情况就会改善得多。但定位销与工艺孔的相互关系,会对操作产生一定的影响,如工艺孔比定位销,放入板料时,虽然工艺孔插入对准定位销比较方便,冲压操作容易,但可能会影响冂匸形弯曲

图 1.2 冂匸形弯曲件

件的形状精度;如定位销与工艺孔间隙过小,如采用了间隙配合,就会使板料上工艺孔放入对准定位销比较困难,给冲压操作带来不便,此时就需要了解冂匸形弯曲件尺寸精度与冲压操作及安装的相互关系,以更好地确定定位销与工艺孔间隙问题。如果冲压设计人员能够了解冲压工艺要求、模具设计及冲压操作过程,那么所设计的冲压件在后续的制造过程中就会省去很多不必要的修改。

板料冲压所用的冲床或压力机绝大部分是速度比较快的机械式压力机或速度比较慢的液压压力机。快速压力机每分钟可生产几件到几十件冲压件,高速压力机每分钟可生产几百到上千件冲压件。而速度比较慢的液压压力机,其工

作速度约 2～9mm/s。图 1.3 所示是机械式压
力机,图 1.4 所示是液压压力机。一般分离工
序大多采用机械式压力机,而成形工序大多采
用液压压力机。对于一个冲压件生产企业来
说,冲床设备的数量是有限的,从产品设计到
采用模具进行冲压生产一般都要根据现有生
产条件或设备来进行。因此,冲床的生产能力
如尺寸、吨位等决定了所能生产的冲压件大小
和形状规格。理论上来说,所有冲压力包括压
料力或卸料力等,要小于压力机给定的名义吨
位。但如果冲压件所需冲压力很小,而尺寸很

1. 模具 2. 坯料(条料) 3. 冲床

图 1.3 机械式压力机

大,一般小吨位压力机没有如此大的工作台尺寸时,还是要选择工作台尺寸和吨
位比较大的压力机。

(a)导柱导向液压压力机   (b)导向块导向液压压力机

图 1.4 液压压力机

虽然金属板料制成的零件绝大多数都由冲压加工或生产来完成,冲压充分
利用了往复加压为主的冲床等加工设备和模具,但为了完成零件不同的设计和
装配要求,冲压加工与机械加工都有各自的加工方法,加工方法又各自的工序,
如冲压生产中的冲孔、落料、弯曲、拉深等工序;机械加工中的车、铣、刨、磨、钻等
工序。表 1.1 和表 1.2 所示分别是冲压生产中常用的分离和成形工序。

表 1.1 分离工序

工序名称	工序简图	特点及应用范围
落料	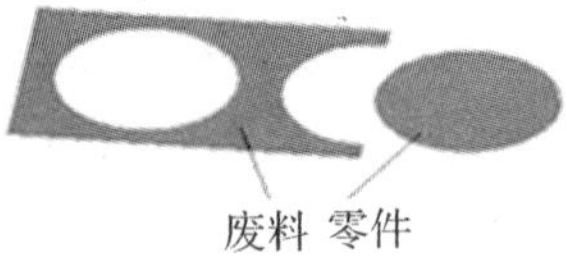 废料 零件	将材料沿封闭轮廓分离,被分离下来的部分大多是平板的零件或工件
冲孔	 零件 废料	将废料沿封闭轮廓从材料或工件上分离下来,从而在材料或工序件上获得所需要的孔
切舌		将材料沿敞开轮廓分离,被分离的材料成为零件或工序件
切边	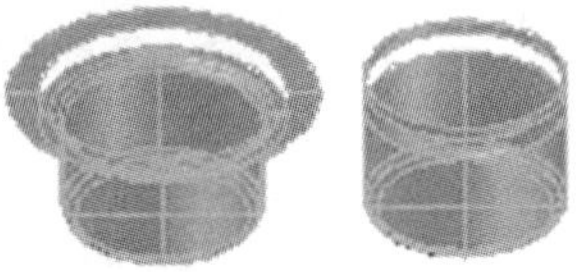	利用冲模修切成形工序件的边缘,使之具有一定的形状和尺寸
剖切	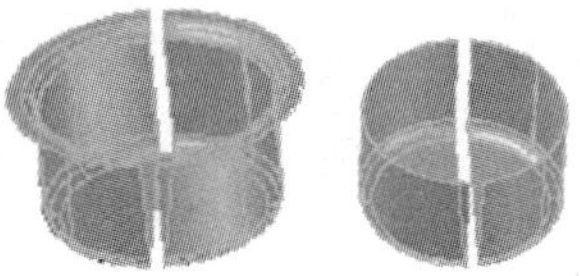	用剖切模将成形工序件一分为二,主要用于不对称零件的成双或成组冲压成形之后的分离

表 1.2 成形工序

工序名称	工序简图	特点及应用范围
弯曲		用弯曲模使材料产生塑性变形,从而弯成一定曲率、一定角度的零件。它可以加工各种复杂的弯曲件

续表

工序名称	工序简图	特点及应用范围
卷边		将工件边缘卷成接近封闭圆形，用于加工类似铰链的零件
拉弯		在拉力与弯矩共同作用下实现弯曲变形，使坯料的整个弯曲横断面全部受拉应力作用，从而提高弯曲件的精度
拉深		将平板形的坯料或工序件变为开口空心件，或把开口空心工序件进一步改变形状或尺寸
翻孔		沿内孔周围将材料翻成竖边，其直径比原内孔大
起伏		依靠材料的伸长变形使工序件形成局部凹陷或凸起
胀形		在双向拉应力作用下，将空心工序件或管状件沿径向往外扩张，形成局部直径较大的零件
扩口		将空心工序件或管状件口部向外扩张，形成口部直径较大的零件
缩口缩径		使空心工序件或管状件的某个部位的径向尺寸减小
翻边		沿外形曲线周围翻成侧立短边

在冲压工艺或机械加工工艺规程编制中,冲压工艺规程可包含机械加工方法,如板料冲孔工序可用钻孔的方式,内六角螺钉的内六角形状可通过加热、利用冲头在压力机上打击或冲压得到。如果采用机械加工中的铣削或其他如电加工的方法,生产效率较低,生产成本太高。机械加工工艺规程编制中也可包含冲压加工方法,如圆钢切断可采用冲裁工序的切断模具进行切断,螺钉中螺纹一般采用车床车削加工,同样可采用被称之为搓丝模的模具进行螺纹加工。采用何种工序进行零件的生产,关键要视产品产量、成本、质量精度或加工的可行性分析等要求来进行合理的生产工艺安排。如图 1.2 所示的弯曲件,假设产量≤1万件/年,可考虑钻床钻孔。冲压工艺方案为:(1)钻孔、弯曲;(2)弯曲、钻孔。方案(1)是先在平板上钻孔,但板料弯曲后回弹会影响孔的位置尺寸。设计可微调距离钻套,按回弹情况调整钻套相对位置,则可满足孔的位置尺寸要求。如用冲模冲孔方法,则调整冲头之间的距离极为不便。方案(2)是板料弯曲并产生回弹后钻孔,由于钻套相对位置固定,弯曲件上被钻孔的相对位置尺寸也不变。板料上钻孔加工的方法对于如多品种、少批量的载重车生产企业还是非常合适的,一般的纵梁有 250 多个孔,加工这些孔可以用钻孔的方法,钻孔时,几块长条形展开板料叠加在一起(一般 4 块板料),成本低,加工精度也能保证,生产效率也不低,是企业不错的选择。

1.2 模具特点

冲压加工所用模具与机械加工采用的夹具都属于工艺装备,而且都有很多可采用的国标或企业的设计与制造标准。对夹具而言,不同工序,有不同结构的夹具和与之对应的机床,如钻孔工序,就有钻夹具和钻床;铣平面,有铣夹具和铣床。不同工序所设计的夹具结构是很不相同的,所采用的机床类型及工作方式也完全不同,而且对不同的设计人员来说,同一种工序,在夹具能满足实现其工作原理的情况下,结构也可能会完全不同。然而对冲压生产中的模具来说,虽然冲压工序或模具与所加工的零件是一一对应的,专用性很强,但不同冲压加工工序,其模具动作或工作原理基本相同,模具的结构从外观上看也是很相似的(图 1.5)。如同一种冲裁工序,冲圆孔与落圆板坯料,如果直径相同,模具动作或工作原理完全一样。事实上,不同工序间的模具动作也是基本相同的。模具一般情况下都有上模板和下模板(或称上模座和下模座)、导柱和导套,上模板和下模板与导柱和导套合装在一起,称之为模架。

(a)自行车零件冲孔落料模

(b)工艺品成形模

(c)一字形旋杆成形模

(d)一字形旋杆冲切模

(e)一字形旋杆成形模的上模和下模总成

图 1.5　冲压生产模具

还有上模板和下模板与导柱和导套合装在一起且带有模柄的模架。所以模架有两种形式,没有模柄的模架[图 1.6(a)]和带有模柄的模架[图 1.6(b)]。选用没有模柄还是带有模柄的模架,要视冲压件尺寸、冲压力大小和冲床有无模柄孔而定。带有模柄孔的冲床大多数是小吨位冲床。

虽然冲压工序不同,生产的冲压件也不相同,但冲床基本上只有机械式压力机和液压压力机两种类型,而且这两种不同类型的冲床工作台和滑块的运动方式是一样的,即滑块上下一个来回就完成一个冲压过程(行程)。冲压模具设计者的任务就是:无论何种冲压工序,模具结构设计的结果和要求都是要保证在冲床一个上下来回(行程)中完成合格的冲压零件生产。

(a)无模柄模架

(b)有模柄模架

图 1.6　模架

事实上,由于不同的板料件进行冲压生产或者不同的冲压工序所用模具零件大部分都很相似,同样尺寸的一套模架可能适用于不同的板料件生产的冲压模具或工序,如载重汽车纵梁的弯曲模和冲孔模可取相同尺寸大小的模架。如此就给模具设计者带来了许多方便之处,零件图略加修改后就可作为其他工序的模具零件图使用。现在有很多的厂家专门生产冲模模架,设计时只要写明外购模架规格等,并在相应的模板上标注出螺钉及销钉孔等加工元素即完成设计,极大地减轻了设计者的劳动强度和缩短了模具设计周期。如前面所讲的冲孔工序和落料工序,如果被冲裁的板料直径、板厚及公差等都相同,不但模具的结构形式、工作原理及外观是相同的,模具零件如卸料板、弹性元件(弹簧或橡皮)、卸料螺钉、凸模固定板、凹模固定板等零件的材料、形状和尺寸及技术要求也都是相同的,仅仅凸模与凹模的刃口尺寸有所不同。对夹具而言,同一个零件不同加工工序,或者不同零件不同工序等,夹具零件几乎都不相同,所以不同夹具之间的零件设计图几乎不能相互参考,更难以通用。

对于夹具的结构设计,如果设计者的设计思路正确,制造无误,一般可不经调试或花很少量的时间装配及调试,便可迅速地投入生产使用。而对于模具,即使设计者的设计思路正确,模具的工作原理或制造过程没有差错,但是模具投入实际冲压生产时,并不一定就能获得合格的冲压零件或产品,往往还要经过比较长的调试时间。如尺寸比较大的 U 形弯曲模相对结构比较简单,制造也不难,但弯曲回弹不易控制,还需要花大量的时间调整间隙、凸模和凹模圆角等。大型复杂的拉深件如汽车覆盖件的拉深模更是如此。复杂拉深件拉深是一个大位移、大变形的过程,尺寸比较难控制,影响的因素很多。虽可借助计算机仿真,但模拟结果还是会与实际拉深情况有差异。因此,模具从设计到使用,中间包括模具制造、修改、安装和调试,调试占了整个周期中的很大比例。调试中出现不符合产品要求的情况时,要不断地再进行修改、加工。很多情况下,一副模具的设计、制造及调试,各占约三分之一周期是很正常的。制造好的模具反复调试与修改也是常有的事。有些看上去设计与制造很复杂的冲裁模,调试反而花费极少的时间就能生产出合格的冲压件,而一些结构简单的成形模,花费大量时间进行调试修改也并不少见。复杂冲裁模不复杂、简单成形模不简单,这种情况在模具设计和制造中不足为奇。特别要指出的是,生产企业在估算模具价格时,根据模具中的每一个零件计算单件材料费并总计所有材料费后,制造费一般取材料费的 3 倍左右。这里不但要考虑到模具制造的复杂程度,而且要考虑调试、修改成本。

夹具设计一般取决于各个零件的精度要求,零件的精度要求是满足夹具装配后使用的前提。模具中有些零件不完全依赖于单个模具零件的精度,而要依据整体装配及修模才能生产出合格的冲压件产品,因此,夹具和模具还是有很大的区别。模具制造完成后在试压中出现的不可预见的因素比夹具要多一些;而夹具设计过程中所考虑的工作原理、动作或可行性一般是可预见的。

模具设计与制造有其特殊性。相对来说,模具零件的标准化程度更高,但是一般情况下,夹具所能加工零件的精度更高。普通精度的模具加工精度比夹具要略低一些。

就夹具和模具的零件制造而言,都会用到如机械加工、热处理,甚至焊接、铸造、表面处理等加工方式,所以适用于机械零件的加工方法都适用于模具零件的加工,如车、铣、刨、磨、钻等加工。但是模具毕竟和一般的机械零件还是有所区别的,所以特殊的模具零件还要用到一些特殊的加工设备,如线切割机床。模具设计者要非常了解企业设备的制造能力和模具制造者的加工水平,各企业或专业模具制造厂的模具的加工能力和试模时调整模具的冲床互不相同(有的适合制造小型模具,有的不但能够制造小型模具,也能够制造大型模具)。一般小型模具厂只具备了普通的车、铣、刨、磨、钻及线切割机床等,热处理炉的一次性处理容量也不大。而大型模具工厂不但具备一般车、铣、刨、磨、钻及线切割机床等,热处理炉的一次性处理容量也相对较大,还具备龙门铣、龙门刨等这些大型模具加工设备。制造小型模具和制造大型模具的工艺流程、制造能力和制造水平也是不同的。模具设计时,要根据所掌握企业的设备和人员等情况来进行正确的设计工作。

根据材料的供应情况和企业的生产现状,一副模具中的材料品种不宜过多,大多数模具常用的钢材有以下几种材料:45 号钢、T10(T10A)、Cr12、Q235、20 号钢、65Mn、HT200 等。一般情况下,45 号钢、T10(T10A)、Cr12 用于做凸模和凹模,45 号钢用于做垫板、定位销、固定板,Q235 用于做垫板、上模板或下模板。大型模具的上模板和下模板或模座一般采用 HT200 等。20 号钢用于做导向零件。弹性元件一般采用橡皮或弹簧,弹

图 1.7　垫板零件

簧材料一般采用 65Mn。模具零件本身就是机械零件。如图 1.7 所示的垫板零件,要冲两个孔,模具如图 1.8 所示。模具零件有:上模板、导套、凸模垫板、凸模、凸模固定板、压料圈、弹簧、卸料螺钉、下模板、导柱、凹模、凹模固定板、凹模垫板、下模垫板及定位销。这些零件的加工都是用机械零件的加工方法完成的。设计模具时要保证每一个模具零件都能发挥其功能。

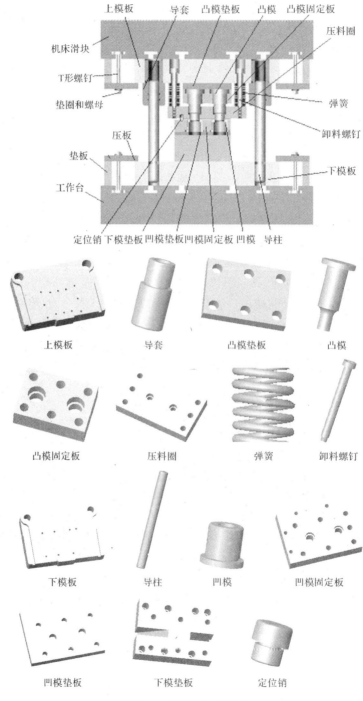

图 1.8 垫板冲孔模零件

第　章
金属板料冲压作业及基本要求

1.3　冲压作业基本要求

1.3.1　模具装配图和零件图设计的基本要求

1. 模具装配图名称

作为一个工艺装备,在企业里,设计冲模也和一般的机械或装置一样需要取一个名称,这样做的目的在于方便识别、使用及管理。取名要直截了当,根据该模具的名称一目了然地就知道这副模具作何用途。事实上,大多数企业并不要求按照复杂模、简单模或者级进模等这样的称呼给模具取名,因为企业作为一个生产单位,生产的组织者、管理者或操作者没有必要了解这副模具究竟是复杂模、简单模或是复合模等,所关心的只是能否得到合格的冲压件。企业对模具的取名分下面两种情况:(1)如果企业仅生产一个产品,一般模具的取名按冲压件名称加冲压工序名称,如垫板冲孔模,或垫板冲孔落料复合模、纵梁弯曲模等,模具的图号是冲压件图号加模具图号(或取部分图号)。(2)如果企业生产多个产品,冲模一般按产品名称加零件名称再加冲压工序名称取名。如载重车支架冲孔模、载重车纵梁冲孔模、载重车车门框拉深模、轻型车支架冲孔模、轻型车纵梁冲孔模等。当然,还有企业根据自身要求的取名的。这里就不一一叙述。模具名称及图号等写在标牌上并装在下模板或上模板上。

2. 模具装配图设计的基本要求

模具装配图要求画出冲压工作完成的瞬间各模具零件的装配关系,并能反映出模具的工作原理。装配图如用一张主视图就能表达各零件的装配关系(一般以引出线能标出零件作为标准),就没有必要画出其余各视图。装配图中要清楚地说明或反映出该模具所要加工的冲压零件及材料等,因此不但要画出冲压件工序图,还要说明该冲压件材料、厚度、零件名称等,这样便于查找所需的模具和设计其他模具时调用该模具上的零件。

模具图纸页码的编写要求是:一般情况下,装配图为第 1 页或第 1 张,其余按装配图上零件的引出线的序号先后,在零件图上标写相应的页码。如装配图写上的页码为第 1 页或第 1 张,则装配图上零件的引出线上的序号为 1 的,则在零件图上标写页码为第 2 页,同样,装配图上零件的引出线上的序号为 2 的,则在零件图上标写页码为第 3 页,以此类推,就不会有凌乱的感觉。

装配图在标题栏明细栏中要注明模具名称,装配图号和零件图号,各零件材料、数量、热处理要求等。装配图中一般没有必要写上技术要求,除非该模具有特殊要求。但模具装配图必须标注出模具的闭合高度 H,这个尺寸不但是模具设计要求,更重要的是提供给冲压生产操作者作为参考以调整冲床滑块高度用的。安装模具并进行调整时,冲床滑块慢慢下降到模具的闭合高度 H,再用压板、垫板、T 型螺钉、螺母、垫片分别压紧上模板和下模板。完成压紧工作后,滑块上行,将板料送入下模总成中,接着就可试冲或生产了。如果该尺寸不标出,就会给冲床调整带来困难。设计模具时,模具闭合高度 H 要求是整数。

模具装配图中其余尺寸一般不需要标注,但如果模具尺寸比较大或是大型模具,长度或宽度就有必要标注。因为这类模具可能要安装在专用的压力机上。

3. 模具零件图设计的基本要求

模具零件图要完整地表达以下内容:(1)零件图上要非常清楚地表达出能够制造出该零件所需要的全部尺寸;(2)结构和各图元的尺寸的公差或偏差及形位公差;(3)所用的模具材料;(4)热处理要求;(5)零件的数量;(6)各表面的粗糙度;(7)必要的技术要求;等等。

有些工程软件如 CAXA,调入图幅和图框及标题栏后,在标题栏中按要求可直接写入所要表达的内容。此时装配图技术要求中的材料如 45 号钢就可填入标题栏中的材料名称这一栏,不需要写在技术要求里了,同时页码、页数等也可一起写入。关于模具零件加工的数量,需要说明的是,虽然在模具的装配图中已写明模具零件的数量,但是这只是给模具装配时参考用的,而具体的模具零件的制造加工是根据模具零件图注明的加工数量来加工的。所以零件图上要清楚地写出所加工的零件数量。

(1)冲压模具零件设计粗糙度的基本要求

一般情况下,模具零件的粗糙度的标注还是有一定的基本要求。粗糙度要求要根据模具零件和加工的机床所能达到的要求来定,模具不但是作为工艺装备,也是一种工业产品。作为工业产品,要保证结构和构件具有相应的强度;保证结构和构件满足相应变形的要求;保证结构和构件的设计既安全可靠,经济上又是合理优化的。这就要求找出一个既满足安全规范又满足经济设计的原则,还要保证结构和构件满足美学的要求,使得设计的结构和构件美观和谐。因此,不但要考虑其实用性,也应尽可能地兼顾美观性。模具零件的粗糙度的标注可按下面的几点要求标注:(1)相互配合的表面采用 Ra0.8,如销钉孔、下模板与导柱配合的孔、上模板与导套配合的孔等等;(2)与被冲压加工的冲压件接触的模具零件表面采用 Ra0.8,如凸模和凹模与板料接触处的表面、压料圈与板料接触的表面;(3)模具零件与零件接触的表面采用 Ra1.6;(4)其余不接触表面可采用 Ra6.3 或 Ra12.6。以上都是些基本要求,实际上可采用更高精度的粗糙度。如一副模具从上至下的各种板或块的接触表面均可做磨削处理。再如上模板或下模板如果是采用灰口铸铁的,上、下面中的一面与模具零件接触、另一面与机床工作台接触的,可采用至少 Ra1.6 的粗糙度。沿周边与周边没有零件接触的,周边表面可采用 Ra12.5。如果标注为不加工,则由于零件是铸造的,可能就会不进行去毛刺处理或者毛刺清理得不干净,这样油漆过后整副模具看上去就会非常粗糙,更谈不上美观。事实上,冲压加工对操作者技术要求不高,操作时动作相对简单。计件制的手工操作,对操作者来说十分单调,计件制操作冲压件数量过多,容易因操作者视觉疲劳而导致冲压事故的发生。粗糙度设计要求过低,模具显得粗糙和破旧,操作者就更容易产生视觉上的疲劳和精神上的疲惫。现代模具中各零件可适当涂刷一些不同的颜色来提醒操作者,如上模板或下模板,由于不是直接作用于冲压工作的零件,相对比较安全,可漆成绿色的;导柱不参与导向部分可漆成橙色的;凸模和凹模由于是工作零件,可漆成红色的,红色可提醒操作者注意,是不能将手伸入里面或停留的禁区;压料板可漆成橙色的,表示如果打在手上会有伤害;等等。图 1.9 所示是模具零件凹模座的设计标注。

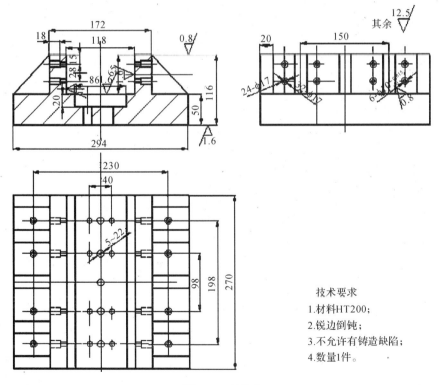

图 1.9 凹模座

技术要求
1.材料HT200;
2.锐边倒钝;
3.不允许有铸造缺陷;
4.数量1件。

(2)模具零件尺寸精度和形位公差的选用原则

冲压模具零件设计的尺寸精度一般比冲压件产品的要求高出 1 到 2 级。无论冲压件标注是否采用自由公差或其他标注形式，一般模具零件的尺寸精度在 IT6—IT8 级范围内，形位公差查询的数据一般也在 IT6—IT8 级范围内。如前所述，模具结构设计与制造完成后，最后的结果是通过冲压件合格与否来确定模具合格或不合格。而模具结构作为一个整体，在制造过程中，可能需要反复地试模和修模来完成，因此，设计模具零件时，并非每一个零件都要标注出形位公差。而且即使每一个零件都标注出形位公差，修模时的意义也不大。

1.3.2 冲压作业注意事项

1. 冲压作业的基本要求

冲压加工对象是板料。与切削加工不同，冲压加工是不产生金属粉末的，但制品或废料都带有尖角、毛刺等，容易引起划伤等工伤事故。所以，在生产现场要严格划分作业区和非作业区。作业区和非作业区布局要合理，连接作业区和非作业区之间的通道要便于作业人员和运输工具通过。一般可以用红色表示作业区，绿色表示通道，黄色表示模具存放区，橙色表示修模区域。未加工板材和冲压生产后的工件及废料都应有专门的围栏或工具存放。对于小件零件的生产，模具设计者要尽可能地采用导向机构将废料送入指定地点，不要让其留在工作台上，再进行不间断地或集中清理。

模具和夹具不同，存放时是可以叠加存放的，因此模具存放时要加装存放杆，避免模具中的导柱和导套侧向受力而影响模具使用精度。冲压生产有不少是采用计件制的。计件制操作虽然对操作者技术要求不高，操作时动作相对简单，但冲压设备如机械式压力机工作时，设备发生振动并且噪声大，压力机滑块与安装在压力机滑块上的模具（上模总成）重复着上下往复运动，对操作者来说十分单调，在单调的情境下反复操作，容易引起分神，引发冲压事故。所以模具设计者的任务是确保模具在生产操作时是安全的，操作是简单方便的。据统计，绝大部分冲压事故发生在冲裁作业时板料送入模具的过程中，而冲压压制成形时，由于压力机速度比较慢，作业人员有相对充裕的反应时间，事故发生率低。

2. 生产效率

生产效率对冲压生产企业来说是一个重要生产指标。生产效率不完全是指自动化生产，因为对一个多品种、小批量的生产企业来说，自动化生产就不是最合适的，虽然一条自动冲压生产线或设备也能生产不同的冲压件，但自动化生产投资比较大，成本比较高。所以对于冲裁作业采用速度比较慢的机械式压力机进行手工操作还是很常见的，操作者跟随压力机的节拍送入块状板料或条料。

对于条料就有一个排样设计的问题,而排样设计就关乎生产效率的问题。

排样设计按式(1.1)计算,

$$\eta = \frac{A_0}{A} \times 100\%$$ (1.1)

式中,η——材料利用率;

A_0——工件的实际面积;

A——所用材料面积,包括工件面积和废料面积。

材料利用率 η 当然是越高越好,但一般冲压模具不提倡同时冲出多个相同的零件。对于冲裁模来说,一副模具不可能制造或安装完全相同的一对或多对以上凸模和凹模零件,所以只能利用优化排样来多生产零件。图 1.10 所示为排样与材料利用率的关系,设零件与零件、零件与毛坯边上的搭边值相同,都为 a。

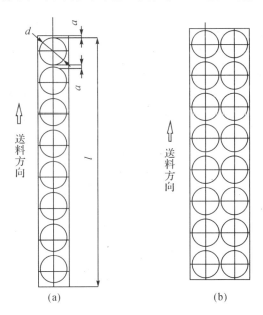

图 1.10　排样与材料利用率的关系

图 1.10(a)中的材料率设为 η_a,图 1.10(b)中的材料率设为 η_b,由式(1.1)得

$$\eta_a = \frac{A_0}{A} \times 100\% = 8 \times \frac{\frac{\pi}{4}d^2}{(2a+d) \times l} \times 100\% = \frac{2\pi d^2}{(2a+d)l} \times 100\%$$

$$\eta_b = \frac{A_0}{A} \times 100\% = 16 \times \frac{\frac{\pi}{4}d^2}{(3a+2d) \times l} \times 100\% = \frac{4\pi d^2}{(3a+2d)l} \times 100\%$$

且比值 $\dfrac{\eta_b}{\eta_a} = \dfrac{4\pi d^2}{(3a+2d)l} \times \dfrac{(2a+d)l}{2\pi d^2} = \dfrac{4a+2d}{3a+2d}$

因 $a>0$，所以 $\dfrac{\eta_b}{\eta_a}>1$，$\eta_b>\eta_a$。

　　要使条料送入并进行冲裁时材料利用率最大化，排样就可有许多方法，但是对操作者来说，一般以条料送入往复不超过两次为原则，即一次送入模具中完成冲裁任务后，翻转一次再进行冲裁一次。重复超过两次就会感到疲惫和精力不集中。还要注意的是，手工操作应使操作者能提或拿相对不重的条料为宜。一般 $lt\rho$ 约小于或等于 5kg，其中，l 为条料总长（mm），t 为板料厚度（mm），ρ 为材料密度（g/cm³）。这还要视是单人操作还是双人操作而定。单人操作由一人送入条料，双人操作比较少用，但板料相对可稍重些。

　　图 1.11 所示是两种排样方法，虽然图 1.11(b)比图 1.11(a)中排样的材料利用率高。但操作上来说，图 1.11(a)所示是合理的，图 1.11(b)所示是不合理的。送料方向从下到上，前者操作时翻转一次完成冲压任务，而后者要翻转三次才能完成冲压任务，操作效率并不比前者高。排样设计要兼顾材料利用率、冲压效率、操作者可接受的程度、模具结构复杂程度及成本等因素。操作开始前，原始毛坯料叠放要便于拿取和操作，如图 1.12 所示。同样，冲裁完成后的废料要摆放整齐。

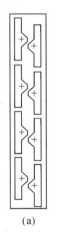
(a)

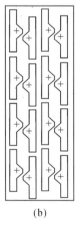
(b)

图 1.11　排样

图 1.12　原料叠放

3. 冲压力和冲压中心

在冲压企业组织冲压生产中,总是希望和要求冲压设备利用率高。除了按规定的日常保养外,设备如何使用是一个关键因素。一般冲裁中心(压力中心)的计算都是针对板料冲裁的,尤其是复杂不规则或不对称的板料如冲孔、落料等,要求计算或求出冲裁力的合力的作用点(即模具的压力中心)。如果压力中心不在模柄轴线上,滑块就会承受偏心载荷,导致滑块导轨和模具不正常的磨损,降低模具寿命甚至损坏模具,冲压设备就会缩短使用年限或提前进入报废阶段。

事实上,除了板料冲裁工序外,其他如弯曲、拉深、翻边等工序同样有压力中心的计算问题。因此,无论何种工序或冲压件结构形式,不但模具设计者要进行压力中心的计算,冲压工艺人员或模具操作人员在安排冲床进行作业时,也要按规章制度来进行操作。

设模具压力中心为 c 点,其坐标为 X_c, Y_c,模具上作用的冲压力 $F_1, F_2, F_3, F_4, F_5, \cdots, F_n$ 是垂直于图面方向的平行力系。根据力学定理,诸分力对某轴力矩之和等于其合力对同轴之距,则有

$$
\begin{cases}
X_c = \dfrac{F_1 X_1 + F_2 X_2 + \cdots + F_n X_n}{F_1 + F_2 + \cdots + F_n} = \dfrac{\sum\limits_{i=1}^{n} F_i X_i}{\sum\limits_{i=1}^{n} F_i} \\[4mm]
Y_c = \dfrac{F_1 Y_1 + F_2 Y_2 + \cdots + F_n Y_n}{F_1 + F_2 + \cdots + F_n} = \dfrac{\sum\limits_{i=1}^{n} F_i Y_i}{\sum\limits_{i=1}^{n} F_i}
\end{cases}
\tag{1.2}
$$

式中,$F_1, F_2, \cdots, F_n$——各图形的冲压力,对冲裁:$F_1 = KL_1 t\tau, F_2 = KL_2 t\tau, \cdots, F_n = KL_n t\tau$;对弯曲:$F_1 = \dfrac{CKL_1 t^2}{r+t}\sigma_b, F_2 = \dfrac{CKL_2 t^2}{r+t}\sigma_b, \cdots, F_n = \dfrac{CKL_n t^2}{r+t}\sigma_b$;对拉深:$F_1 = KL_1 t\sigma_b, F_2 = KL_2 t\sigma_b, \cdots, F_n = KL_n t\sigma_b$。

$X_1, X_2, X_3, \cdots, X_n$——各图形冲压力中心的 X 轴坐标(mm);

$Y_1, Y_2, Y_3, \cdots, Y_n$——各图形冲压力中心的 Y 轴坐标(mm);

$L_1, L_2, L_3, \cdots, L_n$——各图形冲压周边长度(mm);

K—— 冲裁系数或弯曲安装系数或拉深修正系数等;

t—— 毛坯厚度(mm);

τ—— 材料抗剪强度(MPa);

σ_b—— 材料的强度极限(MPa),$\tau = 0.8\sigma_b$;

r—— 弯曲半径(mm);

17

板料冲压

C—— 与弯曲形式有关的系数,对 V 形件取 $C=0.6$;对 U 形件取 $C=0.7$。

将不同工序的图形中的冲压力 $F_1,F_2,\cdots,F_n$ 之值代入式(1.2),可得冲模压力中心的坐标 X_c 与 Y_c 之值,统一公式为

$$\begin{cases} X_c = \dfrac{L_1 X_1 + L_2 X_2 + \cdots + L_n X_n}{L_1 + L_2 + \cdots + L_n} = \dfrac{\sum\limits_{i=1}^{n} L_i X_i}{\sum\limits_{i=1}^{n} L_i} \\ \\ Y_c = \dfrac{L_1 Y_1 + L_2 Y_2 + \cdots + L_n Y_n}{L_1 + L_2 + \cdots + L_n} = \dfrac{\sum\limits_{i=1}^{n} L_i Y_i}{\sum\limits_{i=1}^{n} L_i} \end{cases} \quad (1.3)$$

因此可得:无论是冲裁合力中心,还是弯曲力或拉深力的合力中心等,一般都与所冲压工序类型的长度有关。模具结构设计时就要以此中心为基准,弹性元件也要根据压力中心进行对称布置。

(1) 算例 1

图 1.13 所示为弯曲件,压力中心按图 1.14 计算。

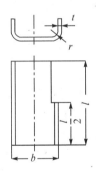
图 1.13　弯曲件

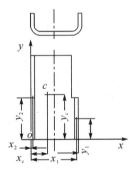
图 1.14　弯曲件压力中心

由式(1.3)可得

$$x_c = \frac{\left(b-\frac{t}{2}\right)\frac{t}{2}+\frac{t}{2}l}{l+\frac{l}{2}} = \frac{2b+t}{6}, \quad y_c = \frac{\frac{l}{4}\cdot\frac{l}{2}+\frac{l}{2}l}{l+\frac{l}{2}} = \frac{5l}{12}$$

需要说明的是:弯曲力公式计算时,宽度 l 是按两边等长时算的,所以此处计算单边受力取 $\frac{l}{2}$。

（2）算例 2

图 1.15 所示为拉深件，压力中心按图 1.16 计算。

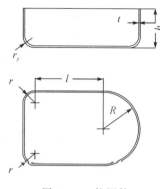

图 1.15　拉深件

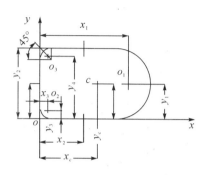

图 1.16　拉深件压力中心

不计板厚 t，o_1，o_2，o_3 分别为各圆弧压力中心，o_2，o_3 的 x 轴坐标相等，由式

（1.3）可得 $x_c = \dfrac{\left[r + l + \left(R - \dfrac{2R}{\pi}\right)\right]\pi R + 2\left(\dfrac{l}{2} + r\right)l + \left(r - \dfrac{2r}{\pi}\right)\pi r}{2l + \pi R + \pi r + R - 2r}$，因图形对

称，所以 $y_c - R$。

求解冲裁中心还可以借助于某些工程软件如 AutoCAD 来计算，由于 AutoCAD 有计算或查询面域形心功能，虽然形心与冲裁中心不是一个概念，但是由形心计算公式可得

$$
\begin{cases}
X_c = \dfrac{\sum\limits_{i=1}^{n} A_i X_i}{\sum\limits_{i=1}^{n} A_i} \\[4ex]
Y_c = \dfrac{\sum\limits_{i=1}^{n} A_i Y_i}{\sum\limits_{i=1}^{n} A_i}
\end{cases} \tag{1.4}
$$

式中，A_i 和 X_i，Y_i 分别代表任一简单图形的面积及其形心，在 xoy 坐标系中的坐标。n 为组成整个图形的简单图形的个数。

构造冲裁中心计算式（1.3），比较式（1.3）和式（1.4），以冲裁中心计算冲裁力是以周长代替冲裁力，形心则是以面积来计算，如果将形心中的面积 A_i 改写为 $L_i b$，L_i 为周长，b 为沿周长的两侧的宽度，并令 $b = 1\text{mm}$，（但除此外的宽度是周长法向内外取 0.5mm）

则式（1.4）便可改写成：

$$
\begin{cases}
X_c' = \dfrac{\sum\limits_{i=1}^{n} \Lambda_i X_i}{\sum\limits_{i=1}^{n} A_i} = \dfrac{\sum\limits_{i=1}^{n} L_i b X_i}{\sum\limits_{i=1}^{n} L_i b} = \dfrac{\sum\limits_{i=1}^{n} L_i X_i}{\sum\limits_{i=1}^{n} L_i} \\[6mm]
Y_c = \dfrac{\sum\limits_{i=1}^{n} A_i Y_i}{\sum\limits_{i=1}^{n} A_i} = \dfrac{\sum\limits_{i=1}^{n} L_i b Y_i}{\sum\limits_{i=1}^{n} L_i b} = \dfrac{\sum\limits_{i=1}^{n} L_i Y_i}{\sum\limits_{i=1}^{n} L_i}
\end{cases}
\tag{1.5}
$$

式(1.5)就可利用 AutoCAD 来比较准确地计算冲裁中心了。

图 1.17 所示为冲裁轮廓,求剖面线面积的形心坐标(X_c, Y_c),将剖面分成各部分面积为$A_1, A_2, A_3, A_4, A_5, A_6$,各部分面积的形心到原点坐标容易求得,分别为$(X_1, Y_1)$,$(X_2, Y_2)$,$(X_3, Y_3)$,$(X_4, Y_4)$,$(X_5, Y_5)$,$(X_6, Y_6)$。于是由式(1.4)和式(1.5)得

$$
\begin{aligned}
X_c &= \frac{\sum\limits_{i=1}^{n} A_i X_i}{\sum\limits_{i=1}^{n} A_i} = \frac{A_1 X_1 + A_2 X_2 + A_3 X_3 + A_4 X_4 + A_5 X_5 + A_6 X_6}{A_1 + A_2 + A_3 + A_4 + A_5 + A_6} \\[4mm]
&= \frac{L_1 b X_1 + L_2 b X_2 + L_3 b X_3 + L_4 b X_4 + L_5 b X_5 + L_6 b X_6}{L_1 b + L_2 b + L_3 b + L_4 b + L_5 b + L_6 b} \\[4mm]
&= \frac{L_1 X_1 + L_2 X_2 + L_3 X_3 + L_4 X_4 + L_5 X_5 + L_6 X_6}{L_1 + L_2 + L_3 + L_4 + L_5 + L_6} \\[4mm]
&= \frac{\sum\limits_{i=1}^{6} L_i X_i}{\sum\limits_{i=1}^{6} L_i}
\end{aligned}
$$

$$
\begin{aligned}
Y_c &= \frac{\sum\limits_{i=1}^{n} A_i Y_i}{\sum\limits_{i=1}^{n} A_i} = \frac{A_1 Y_1 + A_2 Y_2 + A_3 Y_3 + A_4 Y_4 + A_5 Y_5 + A_6 Y_6}{A_1 + A_2 + A_3 + A_4 + A_5 + A_6} \\[4mm]
&= \frac{L_1 b Y_1 + L_2 b Y_2 + L_3 b Y_3 + L_4 b Y_4 + L_5 b Y_5 + L_6 b Y_6}{L_1 b + L_2 b + L_3 b + L_4 b + L_5 b + L_6 b} \\[4mm]
&= \frac{L_1 Y_1 + L_2 Y_2 + L_3 Y_3 + L_4 Y_4 + L_5 Y_5 + L_6 Y_6}{L_1 + L_2 + L_3 + L_4 + L_5 + L_6} \\[4mm]
&= \frac{\sum\limits_{i=1}^{6} L_i Y_i}{\sum\limits_{i=1}^{6} L_i}
\end{aligned}
$$

进一步计算得

$$X_c = \frac{\sum_{i=1}^{n} A_i X_i}{\sum_{i=1}^{n} A_i} = \frac{A_1 X_1 + A_2 X_2 + A_3 X_3 + A_4 X_2 + A_5 X_1 + A_6 \times 0}{A_1 + A_2 + A_3 + A_4 + A_5 + A_6}$$

$$= \frac{L_1 b X_1 + L_2 b X_2 + L_3 b X_3 + L_4 b X_2 + L_5 b X_1}{L_1 b + L_2 b + L_3 b + L_4 b + L_5 b + L_6 b}$$

$$= \frac{L_1 X_1 + L_2 X_2 + L_3 X_3 + L_4 X_2 + L_5 X_1}{L_1 + L_2 + L_3 + L_4 + L_5 + L_6}$$

$$Y_c = \frac{\sum_{i=1}^{n} A_i Y_i}{\sum_{i=1}^{n} A_i} = \frac{A_1 Y_1 + A_2 Y_2 + A_3 Y_3 + A_4 \times 0 + A_5 Y_4 + A_6 Y_3}{A_1 + A_2 + A_3 + A_4 + A_5 + A_6}$$

$$= \frac{L_1 b Y_1 + L_2 b Y_2 + L_3 b Y_3 + L_5 b Y_4 + L_6 b Y_3}{L_1 b + L_2 b + L_3 b + L_4 b + L_5 b + L_6 b}$$

$$= \frac{L_1 Y_1 + L_2 Y_2 + L_3 Y_3 + L_5 Y_4 + L_6 Y_3}{L_1 + L_2 + L_3 + L_4 + L_5 + L_6}$$

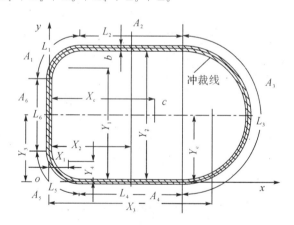

图 1.17　冲裁轮廓

　　根据以上计算,要计算图示冲裁线轮廓的冲裁中心,只要在 AutoCAD 中按图示画出轮廓线(最好能按 1:1 比例关系),并借助 AutoCAD 绘图功能将冲裁轮廓线向内外分别偏移 0.5mm,将坐标原点移至图示位置。按查询功能就可很容易得到形心或冲裁中心。对于比较复杂的冲裁件图形,这种方法是非常简便和有效的。

　　一般冲模设计和安装都比较重视冲裁模的压力中心与冲床的压力中心对齐,而不太重视弯曲模和拉深模等的压力中心与冲床压力中心取得一致的问题。

事实上,很多冲压件的形状都是不规则的,规则的反而是少数,所以要充分重视这类零件的冲压中心与压力机的中心重合的问题。

4.对称冲压

为使冲压时受力平衡,以及模具设计、制造及调试的方便,也为了提高生产效率,有利于冲压生产的组织与管理,有相当数量的冲压件按对称布置设计。对于平板件冲裁,由于平板无正反要求,无论设计是否有对称要求,模具设计与制造对称与否并不影响冲裁零件的正常使用。但是许多的冲压件设计安装是有对称要求的,如弯曲件或拉深件设计要求是左右对称或上下对称,那么,冲压工艺规程编制或模具设计与制造就可按左右对称或上下对称来实现,这样不但能改善受力情况,而且能提高冲压设备的利用率。事实上,并不是所有冲压件都可以做成沿轴线对称设计的,如果一个产品需要两件同样的冲压件,一般会在冲压件设计图上标注出左右对称各一件,如汽车覆盖件门框的设计需要在零件图上标注左右对称各一件;如果一个产品仅需要一件冲压件,即使冲压件有多复杂,也不能设计轴对称的模具。从产品安装上看来,如果没有左右对称各一件的冲压零件却设计左右对称的模具,冲压生产出来的其中一件在产品安装方向上是反向的。换言之,在这种情况下设计轴对称,必有一件冲压件是多余的,是产品所不需要的。因此是否设计成轴对称要仔细斟酌一番。

(1)实例 1

图 1.18 所示是某车型支架零件,是由支架底板(图 1.19)和支架挡板(图 1.20)两个零件经焊接而成的,冲压工艺过程为:支架挡板落料冲孔(2 — φ11mm);支架挡板成形;底板落料冲孔(φ45mm)。零件的材料都是 08Al 钢,料厚为 3mm。

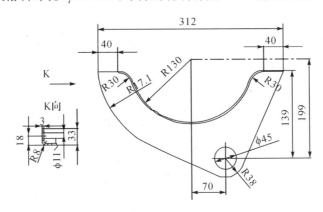

图 1.18   支架

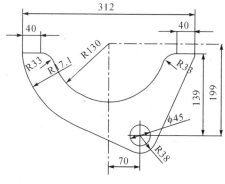

图 1.19 支架底板

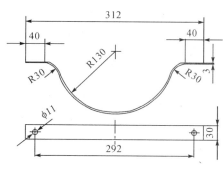

图 1.20 支架挡板

如果按此工艺路线进行生产,则支架底板作为一个不太规则的冲孔和落料同时进行的平板冲压件,若单件生产,就要计算冲裁中心,该中心就要与压力机的压力中心对齐,比较麻烦。如果为改善受力情况,提高生产效率,可设计成 oo_1 轴对称(图 1.21),压力中心在 oo_1 轴上,调整模具与压力机压力中心重合时,只要在 oo_1 轴移动即可。冲制出来的冲压件虽然是轴对称,但对产品的安装并没有影响,不存在零件在使用过程中反向的情况。如果为提高产品质量和提高生产效率,按支架零件形状要求得到精确毛坯形状后,生产工艺改为:利用落料冲孔复合模得到支架半成品;翻边成形得到设计要求的零件。支架半成品落料冲孔复合工序同样可设计成轴对称,因为翻边成形设计成的单件,受力情况不太理想;设计成轴对称成形,受力情况改善,但必有一件是多余的(图 1.22),是产品所不需要的。因此,为改善此零件压制时的受力情况,保证零件生产效率,就要采取中心对称。所谓中心对称,就是图形绕着某一点旋转 180°,能与原图形重合。图 1.23 所示为中心对称的设计,这样的设计是能满足产品设计要求的。

图 1.21 支架底板轴
对称冲裁图

图 1.22 支架的轴称设计

图 1.23 支架的中心
对称设计

23

（2）实例2

如图 1.24 所示的弯曲件，本身是对称冲压件，如果采用单件弯曲，则受力情况就不理想，采用两件对称弯曲就能改善受力情况。而且，无论哪一种方向的对称弯曲，同时生产的两件都能使用，不会存在在产品上互为相反位置的情况。采用图 1.25(a) 或图 1.25(b) 所示的对称弯曲均可。

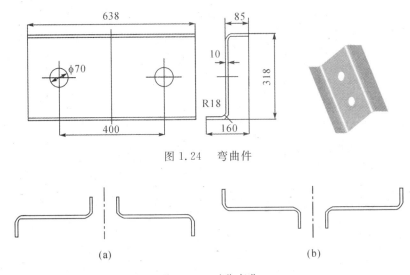

图 1.24 弯曲件

图 1.25 对称弯曲

5. 模具设计任务书

在一个企业里，都应有冲压工艺员对冲压件进行冲压工艺分析的过程，内容主要有：生产批量、零件的精度要求、冲压件在产品中的位置、模具的制造成本核算、设计周期等，然后根据上述内容，设计不同的工艺方案并经充分比较，确定最优方案或工艺路线，在此基础上下达模具设计任务书。任务书包含模具的进出料方式、导向机构设计要求、使用的冲床、采用的弹性元件或压料方式等。模具设计者的任务是根据任务书中的要求进行具体的结构设计。同样模具设计者在设计工作过程中，在实现工作原理的前提下，要设计不同的结构，并经充分比较，比如先构思方案，与冲压工艺员沟通与反复讨论，画出表达工作原理的结构草图，再讨论修改后设计正式的结构图和零件图。对于有些复杂的冲压件，要求有冲压件设计人员、冲压工艺人员、产品安装人员、模具制造者及冲压操作者等多方参与讨论，模具设计过程只是冲压件生产过程中的一个重要环节。大多数产品设计者只考虑到了产品是否满足强度、刚度等的使用和安装要求，而冲压工艺员的任务是要判断和分析产品的结构设计是否能满足冲压工艺要求，即冲压件是否符合冲压工艺的设计要求。如果产品设计后不能够进行冲压生产，则多数情况下，可能要修改冲压件结构或冲压件材料使之能满足冲压工艺要求。图 1.26(a) 所示是设计要求的 U 形弯曲件,展开的板料放在模具上压制时定位不理想,可能会发生板料左右移动现象[图 1.26(b)];在不会改变零件使用要求的前提下,增加两个工艺孔[图 1.26(c)],板料放在弯曲模中采用两个定位销定位[图 1.24(d)],弯曲时就不会出现板料左右移动现象。但是如此一来,就要增加一道冲孔工序和模具,生产成本会提高。因此具体情况要具体分析,如果弯曲要求不高,采用侧向定位进行压制就没什么不妥。但如果弯曲件底部或侧面高度上都有孔,则增加两个工艺孔就完全有必要了,因为展开冲孔时增加两个工艺孔并不会使模具成本提高很多,但是会大大提高弯曲后工件的精度。

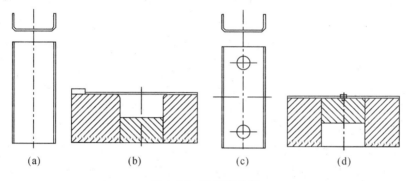

(a)　　　　(b)　　　　(c)　　　　(d)

图 1.26　U 形弯曲件

6. 冲模价格的估算

生产冲压件的成本一般要考虑生产批量、冲压件材料、模具制造成本,这是冲压工艺员或相关人员要关注的一个问题。粗略的算法就是冲压件材料费、模具成本及操作人员等成本费用分摊到每一个冲压件上。因此,冲模价格在冲压生产中是一个比较重要的参考数据。比如垫圈零件的模具是采用落料冲孔复合模还是落料、冲孔两副模具,模具制造成本不同,精度也不同。

冲压模具的价格估算在有关文献中已有论述,但大都是基于模具结构的复杂程度给予一定的加权系数的方法。这个复杂程度并不能简单地用模具结构关系或零件难易来确定,如前所述,有些冲裁模结构很复杂,但并不意味着加工及装配有多困难;有些模具零件不多,如汽车覆盖件模具一般主要的零件只有三大件,即凸模和凹模及压边圈,但是其制造及调试并不简单,调试周期可能比较长,这也是模具的制造成本之一。因此仅仅考虑复杂程度给予一定的加权系数的方法并不可靠,模具制造企业也很少采用这个方法来对模具进行价格估算。事实上,冲压模具的价格应当包含两层意思:其一是生产某产品时对该产品在模具中的投资费用,这一部分费用应包括产品的产量、模具的结构、模具的寿命、模具的材料;其二就是模具装配图和零件图完成后根据该模具装配图、零件图制造该模具的费用,这一部分费用仅仅和制造模具本身发生联系,而与产品产量、模具结构设计不发生关联。一般来讲,模具的费用就是指这一部分费用,因此必须根据零件的具体形状分析和计算模具坯料的重量和价格。如要加工一个较大的圆盘类零件,如果在板材上切割,则必须考虑切割的废料。再如,较大的模架,应考虑铸造单件的铸造费用;凸、凹模零件要考虑坯料的锻造费用。根据零件图编制零件制造工艺流程,应考虑粗糙度、尺寸精度、形位公差、加工余量,最主要的是选择的加工设备不同,其费用也是不相同的。如覆盖件模具,如果采用样板,模型的仿型铣和曲面生成采用的数控加工费用也是完全不同的。还要考虑到模具零件制造完成后的安装和调试,如果是冲裁类的模具,则成功的概率要比复杂拉深模大些,所以冲裁类模具的风险系数应比拉深类模具要小,但其复杂性可能并不会比拉深类模具低,因此要分别考虑。概括起来说,模具的制造费用应在装配图和零件图完成之后,才能定下其具体的费用,计算步骤如下:

① 根据零件图算出所有材料费用。② 列出每个零件的加工要素,并列出其加工费用。③ 其他费用:人工费用、设备折旧、运输费用等。如不考虑第三项,模具制造费用就是材料费用和加工费用之和。而加工费用准确地讲,就是车、铣、刨、磨、钻、数控铣、数控车、线切割、电火花、热处理等。模具的制造费,应根据模具装配图、零件图完成后才能确定,这样的计算方法,含有每个零件的材料费用和加工费用,才是比较准确的计算方法,而且不会造成各模具制造企业有太大的价格差别。事实上,现有模具制造企业,基本上都是根据这个方法来计算的,随着客户要求的日益提高,要求模具制造商迅速地报出模具价格,但是在没有得到模具的零件图前,这样的报价其实不能真实地反映模具的价格。

7. 压力机闭合高度和模具的闭合高度

压力机的闭合高度是指压力机滑块在下死点位置时,滑块下平面到压力机工作台上平面的距离。当压力机上升到最高点,滑块下平面到压力机工作台上平面的距离为 H_{max};当压力机下降到最低点,滑块下平面到压力机工作台上平面的距离为 H_{min},压力机可调节距离为 l(图1.27)。一般压力机提供的 H_{max} 和 H_{min} 都是足够大的,但是对于模具结构来说,可能就会在模具结构设计上,为了满足压力机的高度而设计过高的尺寸,从而为送料和取件提供足够的空间。一般模具高度都尽量按 $H^m_{min} = H_{min} + (5 \sim 10)$mm 来计算,$H^m_{min}$ 为模具最小高度尺寸(或称模具最小闭合高度);而极少按 $H^m_{max} = H_{max} - (5 \sim 10)$mm 来计算,$H^m_{max}$ 为模具最大高度尺寸(或称模具最大闭合高度)。

或模具高度 H^m 一般至少要满足:

$$H_{min} + (5 \sim 10)\text{mm} \leqslant H^m \leqslant H_{max} - (5 \sim 10)\text{mm} \tag{1.6}$$

为了节约模具成本和进行更简洁的模具结构设计,企业还会对自身产品和模具结构设计提出要求,大多数情况都要自制垫板(厚度为 H_T),如采用垫板,则式(1.6)就换成:

$$H_{min} - H_T + (5 \sim 10)\text{mm} \leqslant H^m \leqslant H_{max} - H_T - (5 \sim 10)\text{mm} \quad (1.7)$$

也有不少冲床生产厂在生产时,将垫板设计并安装在工作台上,此时压力机的闭合高度是指:压力机滑块在下死点位置时,滑块下平面到压力机垫板上平面的距离。当压力机上升到最高点,滑块下平面到压力机垫板上平面的距离为 H_{max};当压力机下降到最低点,滑块下平面到压力机垫板上平面的距离为 H_{min},压力机可调节距离为 l。极少数情况下,有些压力机是没有 H_{min} 的,只有 H_{max}。冲压操作人员和模具设计人员都要详细了解压力机的结构和产品使用说明。

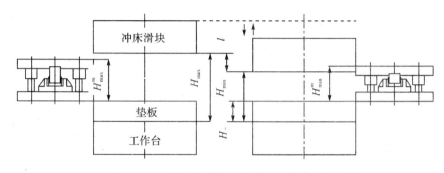

图 1.27　压力机闭合高度与模具闭合高度关系

大多数情况下,设计模具时,除了要考虑到为节约成本并应尽量按照最小模具闭合高度进行设计外,还应尽可能按同一闭合高度进行设计。这样,在压力机使用时,不需要经常调整高度,可以将相同闭合高度的模具安排在同一台压力机上进行冲压生产,比如同一产品的不同工序的模具安排在同一台冲床工作。工作台垫板可以设计成不同的高度或厚度规格,以便进行最小模具闭合高度设计时选用。

第2章 金属板料成形模拟及冲模的模拟速度

2.1 引　言

　　一直以来,冲压生产或模具设计,经验的积累是非常重要的。无论是冲压工艺设计工作或是模具设计工作,没有一个长期的冲压实践是比较难以胜任的。比如冲压模具制造完成后在模具调试期间,经验丰富的调试人员能从试模中及时发现问题并作出判断和提出修改方案,从而大大地缩短了模具制造周期;或者在前期就能对模具设计或冲压工艺提出注意事项。然而,随着冲压件产品复杂程度的提高,或者新材料的应用又或者新结构的采用,完全依赖于经验的方法可能受到一定的限制。这在汽车生产领域尤其明显,如汽车覆盖件的冲压生产,覆盖件结构设计要求与拉深可行性及在拉深过程中是否会发生拉裂和起皱就比较难预测。因此,借助于计算机模拟技术就变得越来越重要。计算机模拟一般对于塑性成形类工序是非常有参考价值的,如弯曲成形回弹量计算、拉深成形起皱和拉裂预测,模拟不仅是冲压件结构设计的依据,也是模具设计的重要依据。大多数情况下,计算机模拟冲压拉深成形的目的主要是预测拉深过程中会否发生拉深缺陷,如起皱和拉裂、板料各处的应力和应变的大小,由此作为冲压工艺路线的安排及模具设计与制造的依据等。为了预测冲压件是否发生拉裂,大多数拉深成形的模拟一般是采取凸模、凹模、压边圈及板料进行。若设在如图 2.1 所示的 $x, y,$ z 三维坐标系中进行模拟,限制一个物体在三维坐标系中共有六个自由度,即分别在 x, y, z 轴上的移动和绕 x, y, z 轴的转动。根据凸模、凹模、压边圈的运动方式,模拟时,将凸模和压边圈设置为限制其在 x, y 轴上移动和转动,外加绕 z 轴转动,共计五个自由度;凹模限制为在 x, y, z 轴上的移动和绕 x, y, z 轴转动,或称全约束。凸模、凹模、压边圈设置为刚性。凸模、凹模、压边圈及板料的接触关系是通过设置相同的摩擦因素,将板料一一与凸模、凹模、压边圈设置为相同的接触类型。

其他的成形模拟,则去除压边圈即可。如 U 形件弯曲成形模拟。

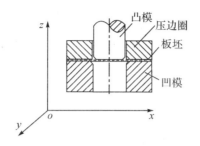

图 2.1   模拟坐标系

拉深模拟结果一般以冲压件危险断面处(凸模圆角上部)的厚度变化或厚度减薄率大小作为参考依据。起皱则以法兰上的增厚率大小作为参考依据。拉深成形时,有些模拟参数可以设置成与实际冲压情况一致,比如凸模和凹模的圆角半径、压边圈加载的力的大小、材料的选用及材料特性;但是有些采用计算机模拟中特有的参数,是无法与真实情况一致的,或者要根据模拟自身需要来设定模拟参数,如板料网格大小及单元数量、凸模的模拟速度。而冲压生产中的拉深成形多数采用工作速度比较慢的液压压力机,实际拉深工作速度一般在 7~9mm/s 范围内。如果采用速度比较快的机械式压力机,拉深效果和实际结果可能就会有很大的差异。事实上,除拉深成形外,凸模速度对金属成形的影响也是比较大的,这一点从五金工具的旋杆制作前端工作部分(俗称一字型螺丝刀)的金属成形就可看出,直径 10mm 的 45 号圆钢,如果放在 63 吨机械式压力机冲压成形,圆钢前端工作部分的金属成形就可达到形状要求,而如果放在液压压力机上压制,根据实验,则需要 93.6 吨的压力才能压制成所需要的形状。这说明速度是金属成形很重要的一个参数。在拉深成形中,有限元分析计算如果采用如液压压力机这样的速度进行模拟拉深,则会因计算时间太长而影响模拟计算的效率,但如果虚拟冲模速度取值偏大又会导致由惯性效应引起的网格畸变等问题,因此,板料成形有限元模拟中,冲模(冲头)的虚拟速度的选取一直是其中的难点之一,为了使虚拟速度确定后的模拟结果与实际拉深情况尽可能地保持一致,也使分析和模拟计算对模具设计起到重要的参考价值。有些学者等对板料成形数值模拟的关键技术及难点做了很多研究工作。如有研究认为,当虚拟速度是实际速度的 1000 倍左右时,模拟结果的相对误差较小,因此采用是实际冲压速度的 1000 倍左右的虚拟速度是合理的;还给出了确保板料动能占总动能的比值小于 19%、板料减薄率的相对误差小于 3% 时冲模速度的确定方法。

本章采用带凸缘的筒形件为研究对象,提出设定虚拟速度应以在以下两种情况下与实际拉深结果是否一致作为判断标准:拉深件拉深至极限拉深高度或深度,危险断面处(凸模圆角上方)不发生破裂;起皱或法兰外缘厚度增厚率在一定的范围内。同时讨论虚拟冲模速度的取值范围和网格大小及单元数量等对拉深结果的影响,是否能在合理的取值范围内取较大的模拟冲模速度,是否存在极大地提高模拟拉深计算效率的可能性。

2.2 模拟拉深的主要影响因素

拉深速度对极限拉深系数(或拉深至不发生破裂和起皱的极限拉深高度)的影响不大,只有对速度敏感的金属如钛合金、不锈钢和耐热钢等,拉深速度大时,极限拉深系数才应适当地加大。冲压板材大都采用如 08 和 08Al 及 ST14 等较为普通的板材,拉深时,通常选用速度不会相差太大的液压压力机和机械式压力机,所以对拉深件产品质量不会产生较大的影响。实际影响冲压件拉深中出现拉裂和起皱的因素有:① 模具结构参数,如凹模圆角半径;② 材料的力学性能,如屈服极限 σ_s、屈强比 $\frac{\sigma_s}{\sigma_b}$、泊松比 v 等;③ 板料相对厚度;④ 工作条件,如加载的压边力,板料与压边圈、板料与凹模接触面的摩擦因数等。

模拟拉深中除了上述影响因素外,还有网格单元(数量)和冲模虚拟速度,网格单元划分太少,计算精度不高,但太细太密,计算会给出出错信息,或者精度有所提高,但计算时间延长。在压边力不变等条件下,改变冲模虚拟速度,拉裂和起皱趋势也会发生变化,从而影响到对模拟结果的分析和判断。

一般认为,拉深后危险断面处厚度减薄率在 30% 之内的拉深件是合格的,这与实际拉深情况比较吻合。但作者认为,厚度减薄率在 30% 之内是偏大的,约在 28% 或以下的拉深件是合格的。

起皱趋势可用法兰上增厚率表示,但迄今为止并无一个可参照的量化指标来表明起皱的严重程度。要使增厚率减小,必须加大压边力,但压边力增大后,破裂趋势又增大,使板料在没有达到其极限拉深高度时就发生了拉裂现象,不能反映材料真正的成形能力,但如果允许增厚率在较大的一个范围内,又影响了产品的质量,因此,本章设定增厚率在 3.5% 之内为合格产品。模拟速度在有限元显式算法中是用来将时间变量进行离散的,并采用中心差分法来进行时间积分,在已知 $0,\cdots,n$ 时间步的情况下,假设 t 时刻有一时间增量 Δt,则在 t 时刻的加速度定义如下:

$$a(t_n) = M^{-1}\left[P(t_n) - F^{\mathrm{int}}(t_n)\right] \tag{2.1}$$

式中,$P(t_n)$ 为第 n 个时间步结束 t_n 时刻,结构上所施加的节点外力向量(包括分

布载荷经转化的等效节点力);F^{int} 为 t_n 时刻内力矢量,它由下面几项构成:

$$F^{\text{int}} = \int_{\Omega} B^T \sigma \mathrm{d}\Omega + F^{hg} + F^{\text{contact}}$$

上式右边的三项式依次为:当前时刻单元应力场等效节点力、沙漏阻力(为克服节点高斯积分引起的沙漏问题而引起的黏性阻力)以及接触力矢量。其中,B 是单元应变转换矩阵,σ 是单元应力矩阵,Ω 是单元域。

由加速度的中心差分法,可得 $t + \dfrac{\Delta t}{2}$ 时刻的速度和位移

$$\dot{u}_{t+\Delta t} = \dot{u}_{t-\frac{\Delta t}{2}} + \ddot{u}_t \Delta t_t \tag{2.2}$$

$$u_{t+\Delta t} = u_t + \dot{u}_{t+\frac{\Delta t}{2}} \Delta t_{t+\frac{\Delta t}{2}} \tag{2.3}$$

$$\Delta t_{t+\frac{\Delta t}{2}} - 0.5(\Delta t_t + \Delta t_{t+\Delta t}) \tag{2.4}$$

由式(2.2)、式(2.3)及式(2.4)实现在初始几何状态 $\{x_0\}$ 上增加位移增量来改变几何形状:

$$x_{t+\Delta t} = x_0 + u_{t+\Delta t} \tag{2.5}$$

对于板壳单元时间增量 Δt 有

$$\Delta t \leqslant \mu' L \left[\frac{\rho(1+\mu)(1-2\mu)}{E(1-\mu)} \right]^{\frac{1}{2}} \tag{2.6}$$

式中,L——单元特征长度;

E——弹性模量;

μ——泊松比;

ρ——质量密度;

μ'——常数,一般取1。

2.3　有限元模型建立

2.3.1　有限元模型建立

拉深圆筒形件的模具结构如图 2.2 所示,其尺寸为:凸模直径 $d_p = 40.8\text{mm}$,凸模圆角半径 $r_p = 6\text{mm}$,凹模直径 $d_d = 45\text{mm}$,凹模圆角半径 $r_d = 6.5\text{mm}$,压边圈外径 $D_y = 115\text{mm}$,压边圈内径 $d_y = 45\text{mm}$。根据模具结构尺寸建立的有限元模型如图 2.3 所示。

2.3.2　网格划分

采用 ANSYS/LS-DYNA 分析软件,在前处理器 ANSYS 中建模,在 LS-DYNA 中选择材料特性、单元、加载和求解设置等。为了提高分析精度,在凸、凹模圆角处设置更细密的单元,网格划分后对网格进行进一步的检查,确保单元数目在合理的范围内。有限元模型(图 2.3)采用软件中提供的显式薄壳单元 (3D-SHELL163)为空间单元,采用适用于分析翘曲问题的单点积分的壳单元算法 BWC (Belytschko-Wong-Chiang),以及最为常用的面面接触(Surface to Surf | Forming)类型。最后计算结果在 LS-PREPOST 中分析后进行显示。

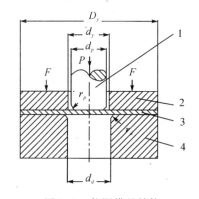

图 2.2　拉深模具结构

1.凸模　2.压边圈　3.坯料　4.凹模

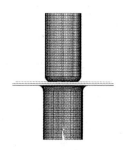

图 2.3　有限元模型

2.3.3　计算工艺参数

坯料规格为直径 $D_0 = 115\text{mm}$,厚度 $t_0 = 2\text{mm}$,材料 08Al 的特性见表 2.1, 其等效应变曲线用指数形式表示为 $\sigma_e = Ke^{-n}$。设工件与模具之间的摩擦因数 $\mu = 0.1$,压边力根据公式 $F = Aq$ 计算,式中,F——压边力(N),A——压边投影面积(mm^2),q——单位压边力(W/mm^2),取 $q = 2\text{MPa}$。根据给出的参数计算得到压边力 F 为 1310N。

表 2.1　08Al 材料特性

弹性模量	泊松比	屈服极限	应变强化因数	硬化指数	厚向异性因数
E/GPa	v	σ_s/MPa	K/MPa	n	r
206.8	0.3	110.3	537	0.21	1.8

2.4　成形性能评价标准

拉深后制件以其危险断面(位于筒壁的底部靠近凸模圆角)处厚度和厚度减薄率为标准来判断成形质量,而零件拉深的主要失效形式是起皱和拉裂。板料成形中,成形极限图(FLD)是一个衡量成形性能的评价指标,能有效地评价拉深成形中的起皱和拉裂,此处利用成形极限图来评价圆筒形件的成形性能好坏。分别定义拉裂安全成形曲线 $\psi_1(\varepsilon_1,\varepsilon_2)$ 和起皱安全成形曲线 $\psi_2(\varepsilon_1,\varepsilon_2)$,如图 2.4 所示。函数表达式为

$$\psi_1(\varepsilon_1,\varepsilon_2) = \psi(\varepsilon_1,\varepsilon_2) - s_1 \qquad (2.7)$$

$$\psi_2(\varepsilon_1,\varepsilon_2) = \phi(\varepsilon_1,\varepsilon_2) - s_2(\theta) \qquad (2.8)$$

式中,$\varepsilon_1,\varepsilon_2$——主应变和次应变;

　　$\psi(\varepsilon_1,\varepsilon_2)$——拉裂成形极限曲线;

　　$\phi(\varepsilon_1,\varepsilon_2)$——起皱成形极限曲线(纯剪应变状态 $\rho = -1$);

　　$s_1,s_2(\theta)$——拉裂安全距离和起皱安全距离;

　　θ——起皱安全角度。

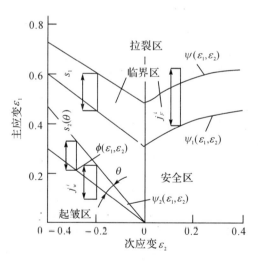

图 2.4　成形极限图示意

由此,FLD 目标评价函数定义为

$$f(\varepsilon_1,\varepsilon_2) = \alpha \sum (j_w^i)^2 + \sum (j_F^i)^2$$

$$j_w^i = |\phi(\varepsilon_1^\varepsilon) - \varepsilon_2^\varepsilon| \qquad \varepsilon_2^\varepsilon \leqslant \phi(\varepsilon_1^\varepsilon)$$

$$j_F^i = |\varepsilon_1^e - \psi(\varepsilon_2^e)| \qquad\qquad \varepsilon_1^e > \psi(\varepsilon_2^e) \qquad\qquad (2.9)$$

式中，$f(\varepsilon_1,\varepsilon_2)$——单元目标评价函数；

$\quad\quad j_F^i, j_w^i$——单元目标拉裂距离和起皱距离；

$\quad\quad \psi(\varepsilon_2^e), \phi(\varepsilon_1^e)$——单元目标拉裂安全成形曲线和单元目标起皱安全成形曲线；

$\quad\quad \alpha$——由实验确定的平衡起皱和破裂的因素，一般取 $\alpha = 0.1$；

$\quad\quad \varepsilon_1^e, \varepsilon_2^e$——单元主应变和单元次应变。

拉深成形时，ε_1^e 和 ε_2^e 数值愈小愈好，表明位于安全区域的点越多，即成形性能越好。危险断面处板料厚度减薄率要满足：

$$\max\Delta t \leqslant n_1 t_0 \qquad\qquad (2.10)$$

式中，Δt——板料减薄率；

$\quad\quad n_1$——最大减薄系数；

$\quad\quad t_0$——板料原始厚度。

实际生产中，成形极限图中的 ε_1 和 ε_2 与拉深前后由圆变成椭圆的长、短轴有关(图 2.5)。

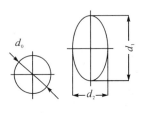

图 2.5　网格成形
前后变化

圆孔网格原始直径为 d_0，变形后椭圆长轴径长为 d_1，短轴径长为 d_2，则极限应变为

$$\left.\begin{array}{l}\text{长轴 } \varepsilon_1 = \dfrac{d_1 - d_0}{d_0} \\[3mm] \text{短轴 } \varepsilon_2 = \dfrac{d_2 - d_0}{d_0}\end{array}\right\} \qquad (2.11)$$

$$\text{对数应变}\quad\left.\begin{array}{l}\text{长轴 } \varepsilon_1 = \log_e \dfrac{d_1}{d_0} \\[3mm] \text{短轴 } \varepsilon_2 = \log_e \dfrac{d_2}{d_0}\end{array}\right\} \qquad (2.12)$$

拉深成形时，先在毛坯板料上制作出圆形网格，拉深或成形后，圆形网格变成椭圆形，测量椭圆的长、短轴，算出应变值，标注在成形极限图上(图 2.6)。如果应变点落在 b 处(临界区内位置)，说明很危险，零件压制的废品率很高。如果落在靠近极限曲线略下一点的地方(如位置 d 点)，说明接近拉裂区域，必须对有关冲压条件进行控制或改变，要增加其安全性。从图上可以明显看出，应减小 ε_1 或增大 ε_2，最好兼而有之。减小 ε_1 需降低椭圆长轴方向的流动阻力，这可用在该方向上减小毛料尺寸、增大模具凹模圆角半径或改善润滑条件等方法来实现。而要增大 ε_2 需增加椭圆短轴方向的流动阻力，实现的方法是在短轴方向上增大毛料尺寸、减小模具的凹模圆角半径，在垂直于短轴方向设置拉深肋，用于抑制起皱等。如果应变点落在图 2.6 中的 c 处，要增加其安全性，可从减小 ε_1 或减小 ε_2 的代数值着手。要注意，减小 ε_2 的代数值需减小短轴方向的流动阻力。可见危险点在 $\varepsilon_2 < 0$ 或 $\varepsilon_1 > 0$ 的区

域,为提高安全度需要努力的方向是不同的。但如果应变点落在远离极限曲线的地方(如图2.6中的e处),说明过分安全,板料成形性还没有充分发挥出来。对拉深成形来说,还可以增大材料的变形程度;或对一般的产品来说,可以换用成形性能略差或较价廉的材料。对于模拟来说,同样可以用应变点落在的区间点来表示ε_1和ε_2的情况,从而为设计冲压件拉深成形提供依据。因此,对某一种成形进行模拟时,假设速度、网格细密程度、单元数量等都是合适的,才能得到有价值或可参考的结果。

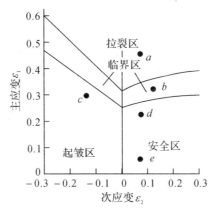

图 2.6　各应变点位置

在模拟拉深成形时,速度快慢会影响应变点所落的位置,就能根据应变点落在不同的位置,判断发生起皱和拉裂的可能性。但究竟哪一种速度是合适的,或者速度是怎样影响起皱和拉裂是需要讨论的。如图2.7所示,设拉深过程中厚度t不变,垂直面流过的量应该等于法兰上某一收缩量,即$A_1 V_1 = A_2 V_2$,$\frac{\pi}{4}[(d_p + 2t)^2 - d_p^2]V_1 = \pi D t V_2$。式中,$A_1$为垂直拉深方向的面积,相当于工件截面面积(Ⅰ-Ⅰ面);A_2为法兰上直径D处水平面(Ⅱ-Ⅱ面)的面积;V_1为垂直面流速;V_2为法兰上收缩流速;d_p为凸模直径;D为法兰上任意处直径。很明显,由于$A_1 < A_2$,所以$V_1 > V_2$。可能起皱的原因也可以解释为:如果凸模速度比较慢,Ⅰ-Ⅰ面材料还不能以足够快的速度被凸模拉下去,或材料通过截面(Ⅰ-Ⅰ面)流下去,就会造成法兰(Ⅱ-Ⅱ面)上的材料堆积;而凸模速度比较快的情况下,法兰上收缩得比较慢,通过 -(Ⅱ-Ⅱ面)的材料不足以补充被凸模拉下去的材料,就会发生拉裂。如设板料很薄,工件截面(Ⅰ-Ⅰ面)面积用圆环代替,则圆环面积为$\pi d t$,其中d为工件内外壁平均直径。则$\pi d t \approx \frac{\pi}{4}[(d_p + 2t)^2 - d_p^2]$,于是:$\frac{A_1}{A_2} = \frac{\pi d t}{\pi D t}$,如取板料最外层直径为$D_0$,则$\frac{A_1}{A_2} = \frac{\pi d t}{\pi D_0 t} = \frac{d}{D_0} = m$,式中$m$为计算筒形件的拉深系数。如设一般的材料首次拉深系数为 0.5 左右,可以说明,工件截面拉入速度与法兰上最大直径处收缩速度的比值或法兰上最外层直径处面积与工件截面面积之比约为 2 时,材料能够被拉入或拉深成形。换言之,超过该比值直径或材料是不能够被拉入的。

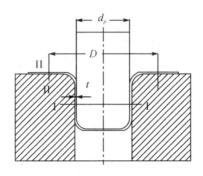

图 2.7　拉深过程中材料流动

2.5　模拟结果与分析

2.5.1　凸模的模拟速度与时间等的关系

设置拉深高度 $h = 21mm$,毛坯单元数量为 3888,凸模下降模拟速度分别为 $0 < v \leqslant 1m/s, 2.5m/s \leqslant v \leqslant 50m/s, v \geqslant 60m/s$。得到如下关系图:(1) 凸模下降模拟速度 $v(m/s)$ —时间 $t(s)$,如图 2.8 所示;(2) 凸模下降模拟速度 $v(m/s)$ —危险断面处板料厚度减薄率 $\Delta t(\%)$,如图 2.9 所示;(3) 凸模下降模拟速度 $v(m/s)$ —法兰上增厚率 Δt,%),如图 2.10 所示;(4) 不同拉深速度条件下的成形极限图(FLD),如图 2.11 所示。其中,图 2.11(a) 是以拉深速度 $0 < v \leqslant 1m/s$ 拉深后 FLD,图 2.11(b) 是以拉深速度 $2.5m/s \leqslant v \leqslant 50m/s$ 拉深后的 FLD,(由于拉深速度 $2.5m/s \leqslant v \leqslant 50m/s$ 拉深后 FLD 的结果非常接近,此处有用同一张图来说明),图 2.11(c) 是以拉深速度 $v \geqslant 60m/s$ 拉深后的 FLD;(5) 不同拉深速度条件下的拉深件厚度减薄率分布如图 2.12 所示,其中,图 2.12(a) 所示是以拉伸速度 $0 < v \leqslant 1m/s$ 拉深后的厚度减薄率分布,图 2.12(b) 所示是以拉伸速度 $2.5m/s \leqslant v \leqslant 50m/s$ 拉深后的厚度减薄率分布,(同样因为拉深速度 $2.5m/s \leqslant v \leqslant 50m/s$ 拉深后厚度减薄率分布比较相近,此处用同一张图来表示),图 2.12(c) 所示是以拉深速度 $v \geqslant 60m/s$ 拉深后的厚度减薄率分布。图 2.13 所示是不同速度的法兰上增厚率和厚度减薄率比较。

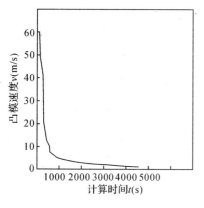

图 2.8　凸模速度与
计算时间的关系

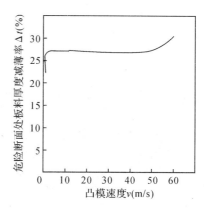

图 2.9　凸模速度与危险
断面处厚度减薄率关系

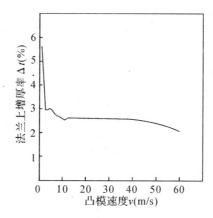

图 2.10　凸模速度与法兰上增厚率的关系

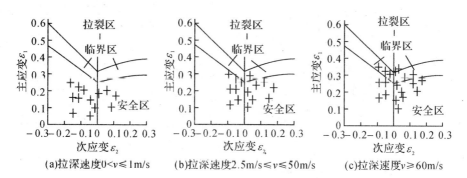

(a)拉深速度0<v≤1m/s　　(b)拉深速度2.5m/s≤v≤50m/s　　(c)拉深速度v≥60m/s

图 2.11　不同的拉深速度在拉深高度为 21mm 拉深后的拉深件 FLD

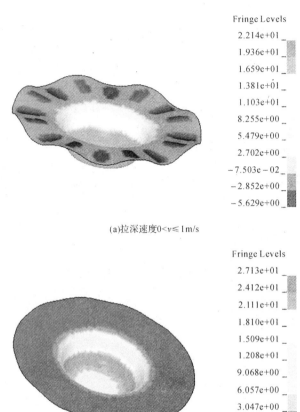

Fringe Levels

2.214e+01 _
1.936e+01 _
1.659e+01 _
1.381e+01 _
1.103e+01 _
8.255e+00 _
5.479e+00 _
2.702e+00 _
−7.503e−02 _
−2.852e+00 _
−5.629e+00 _

(a)拉深速度0<v≤1m/s

Fringe Levels

2.713e+01 _
2.412e+01 _
2.111e+01 _
1.810e+01 _
1.509e+01 _
1.208e+01 _
9.068e+00 _
6.057e+00 _
3.047e+00 _
3.565e−02 _
−2.975e+00 _

(b)拉深速度2.5m/s≤v≤50m/s

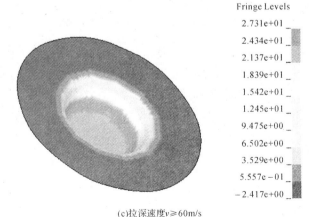

Fringe Levels

2.731e+01 _
2.434e+01 _
2.137e+01 _
1.839e+01 _
1.542e+01 _
1.245e+01 _
9.475e+00 _
6.502e+00 _
3.529e+00 _
5.557e−01 _
−2.417e+00 _

(c)拉深速度v≥60m/s

图 2.12 不同的拉深速度在拉深高度为 21mm 拉深后的拉深件厚度减薄率分布

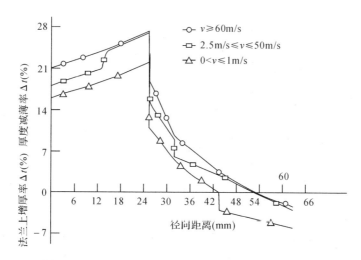

图 2.13　不同速度的法兰上增厚率和厚度减薄率比较

从图 2.8 可以看出,$1\text{m/s} \leqslant v \leqslant 2.5\text{m/s}$ 时,模拟计算时间随速度增快而急剧减少和改变;速度在 2.5m/s 后模拟计算时间平稳变化,但还是随速度变慢,时间变长;速度在 5.5m/s 后,时间变化就不大了。对比图 2.9 和图 2.10,危险断面处厚度减薄率在速度 $1\text{m/s} \leqslant v \leqslant 2.5\text{m/s}$ 范围改变比较大,同样法兰上增厚率在 $1\text{m/s} \leqslant v \leqslant 2.5\text{m/s}$ 范围改变也比较大。

速度在 2.5m/s 后危险断面处厚度减薄率并不完全随拉深速度的增加而增大,法兰上增厚率也不完全随拉深速度的增加而减小。但拉深速度增加,危险断面处拉裂趋势会有一定的增加,拉深速度减慢,起皱趋势增加。如果按先前设定的合格拉深件标准(危险断面处厚度减薄率控制在 30%,法兰上增厚率控制在 3.5%),当速度 $v = 1\text{m/s}$ 时,特征点应变都落在安全区内[图 2.11(a)],虽然拉深件不会拉裂,但起皱严重,增厚率 $5.629\% > 3.5\%$,视作废品。当速度 $v = 60\text{m/s}$ 时,有特征点应变落在拉裂极限成形曲线之外[图 2.11(c)],拉深件拉裂,也不是合格件。而当 $2.5\text{m/s} \leqslant v \leqslant 50\text{m/s}$ 时,都有特征点应变进入临界区内这一相同特征[图 2.11(b)],危险断面处厚度减薄率均小于 30%,法兰上增厚率均小于 3.5%(图 2.9 和图 2.10),采用这一范围内的各速度拉深后,最大的拉深件危险断面处厚度减薄率与最小的拉深件危险断面处厚度减薄率只相差 0.18%,法兰上增厚率相差 0.55%,说明只有采用这一速度范围的速度所得到的模拟结果是可靠的,即拉深高度 $h = 21\text{mm}$,但废品率(发生拉裂)出现的概率会很高。

但是采用模拟速度为 $v - 50\text{m/s}$ 时的计算速度比采用模拟速度为 $v = 2.5\text{m/s}$ 时的计算速度快近 20 倍,说明了在这一速度范围取较快的模拟速度能提高计算效率。

2.5.2 单元数量与厚度关系

当压边力为1310N、拉深高度 $h = 21\text{mm}$,拉深速度 $v = 1\text{m/s}$,$v = 2.5\text{m/s}$,$v = 5\text{m/s}$ 时分别取不同的毛坯单元数量,得到如下关系图:(1)毛坯单元数量(个)—时间 $t(\text{s})$,如图2.14所示;(2)危险断面处厚度减薄率 $\Delta t(\%)$—毛坯单元数量(个),如图2.15所示;(3)法兰上增厚率 $(-\Delta t)(\%)$—毛坯单元数量(个),如图2.16所示。

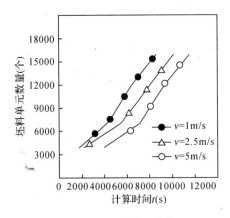

图 2.14 坯料单元数与
计算时间的关系

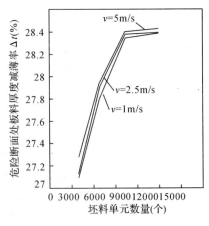

图 2.15 坯料单元数与危险断面
处板料厚度减薄率的关系

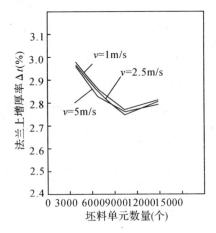

图 2.16 坯料单元数与法兰上增厚率的关系

图 2.14 表明,模拟计算时间与坯料单元数量的关系是:模拟计算时间随坯料单元数量的增加而增加,但速度取不同值或者有一定的变化,或者相同的坯料单元数取不同的速度模拟,则计算时间相差不大。图 2.15 与图 2.16 表明:危险断面处板料厚度减薄率随毛坯单元数量的增多而增大,法兰上增厚率随毛坯单元数量的增多而减小,毛坯单元数量愈多,模拟时间愈长,计算效率愈低。同样,相同的毛坯单元数量,取不同的速度模拟,危险断面处板料厚度减薄率和法兰上增厚率变化不大。

2.6 实验情况

为了说明有限元模拟结果的可靠性,即拉深速度慢,拉深件易发生起皱,拉深速度快,拉深件易发生拉裂的现象,进行工艺实验的实验装置如图 2.17 所示,采用凸模在下、凹模在上的倒装模具结构。实际拉深条件:压边力略大一些,取 1.5kN,设置相同的拉深件高度,凸模速度在 2 ～ 11mm/s 范围内调整,实验结果如下:① 凸模速度在较慢的拉深速度 2mm/s 时,

图 2.17　拉深筒形件的实验装置

筒形件法兰上发生起皱,如图 2.18(a) 所示,这与图 2.12(a) 中在慢速拉深时出现起皱模拟结果是一致的;② 凸模速度在较快的拉深速度 6mm/s 时,筒形件底部圆角处发生拉裂,如图 2.18(b) 所示,这与图 2.11(b) 中在快速拉深时有应变点出现在临界区内,拉深件可能出现拉裂的情况也是一致的。

(a)拉深速度2mm/s时拉深件　　　　　(b)拉深速度6mm/s时拉深件

图 2.18　实验拉深后的筒形件

2.7 结　　论

　　模拟拉深冲模速度对模拟结果会产生较大的影响。相同参数条件下,取比较慢的速度来模拟拉深,会发生起皱现象;取比较快的速度来模拟拉深,会发生拉裂。在压边力数值一定时,模拟速度有一个较大的取值范围,对 08Al 板料的筒形件拉深情况分析得,模拟速度值在 $2.5 \sim 50 m/s$ 范围时,根据危险断面处厚度减薄率和法兰上增厚率变化相差不大来看,此范围内的速度较为合适。在此范围内,取较快的模拟速度可极大地提高计算效率,且不会影响拉深件起皱和拉裂发生的预测。虽然计算模拟凸模速度越快,计算时间越快,但当凸模速度超过一定数值后,时间减少就不明显了,一般取在 $2.5 \sim 5 m/s$ 范围。速度在 $2.5 m/s$ 以下,计算时间虽有较大的改变,但是危险断面处厚度减薄率和法兰上增厚率变化很大,如果在这个范围内选取模拟速度,则模拟结果尚不能作为参考结果。

　　模拟速度越快,计算占用的时间越少,速度增大的倍数相当于计算时间减少的倍数。毛坯单元数量与模拟速度改变,在危险断面处厚度减薄率和法兰上增厚率变化及计算时间上类似。毛坯单元数量取值不同,模拟结果会在危险断面处板料厚度减薄率和法兰上增厚率数值上产生极小的差异,不会影响对拉深件起皱和拉裂发生的预测。

第3章 弯曲成形及弯曲回弹的控制

弯曲成形主要有 U 形件的成形和 V 形件的成形,本章主要讨论 U 形件的成形及回弹控制。

3.1 引 言

U 形件如图 3.1 所示,其弯曲成形所用的模具结构大多数设计成如图 3.2 所示结构,但此种结构产生的回弹会由设计所要求的 90°角回弹成如图 3.3(a) 和(b) 所示的形式。如此 U 形件完成压制成形后,前者会卡在凹模里,后者会卡在凸模上。给取出 U 形件带来极大的不利。

图 3.1 U 形件

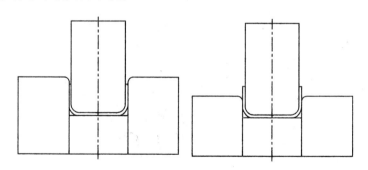

图 3.2 弯曲模结构

就是在进行同一批次的 U 形件生产时,在弯曲模中弯曲成形后,U 形件卡在凹模中或卡在凸模上也是有可能发生的。对于卡在凹模中的 U 形件,利用下顶出装置将其往上顶出完全是可以做到的。采用弹性元件如弹簧或橡皮可能会使模具结构或尺寸设计得比较大,但如果利用液压压力

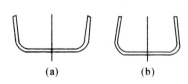

(a)   (b)

图 3.3 U 形弯曲件及回弹

机上顶出油缸就会使模具结构显得紧凑。虽然 U 形弯曲模设计比较简单,然而,大多数模具设计者在设计弯曲模时都只考虑了 U 形件卡在凹模中这种情况,并没有考虑 U 形件卡在凸模上的这种情况。对于宽度比较短的 U 形件,如果 U 形件卡在在凸模上这种情况出现,一般采用撬棍直接沿垂直于冲压的方向将 U 形件顶出,或者将凸模两端加工出小缺口,此缺口并非为减少板料与凹模接触面积而设计的,而是作为一种补救措施。一旦 U 形件卡在在凸模上,操作者往往将撬棍插入缺口,从凸模上撬下 U 形件,对于要求不高的 U 形件,这是一种可行的方法。但对于汽车纵梁这种大宽度的 U 形件,如果 U 形件卡在凸模上,采用这样的方法就不合适了。U 形件卡在凸模上并随压力机滑块上升到一定的高度,此时操作者,一般是两位操作者一前一后,多次往复来回撬下 U 形件,而落下的工件打在模具表面上,一则损害模具表面,而且工件的质量也会受到很大的影响;二则落下的工件还会发出很大的噪声,使操作者身心疲惫。因此,模具设计者要充分考虑到这种情况。

3.2　　回弹产生的主要原因

　　弯曲产生的原因在于板料弯曲成形的变化行为是一个大挠度的非线性的塑性变形过程,也是一个典型的局部变形过程。如图 3.4 所示,设厚度为 t 的板料,

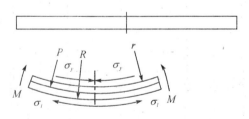

图 3.4　加载弯曲力后板料的变形状态

在垂直方向上加载弯曲力 P 后,由材料力学可知,在板料截面产生弯矩 M,则在中性层曲率半径 ρ 处产生压应力 σ_y,外侧产生拉应力 σ_l,σ_y 由中性层 ρ 处为零向内侧逐渐增大,直到内弯曲半径 r 处 σ_y 最大,σ_l 由中性层 ρ 处为零向外侧逐渐增大,直到外弯曲半径 R 处 σ_l 最大。弯曲力 P 卸载后,内侧与外侧分别会产生反向的应力和应变,回弹不可避免。板料经历了复杂的应力和应变状态后产生的弯曲回弹一直是板料成形中一个难以解决的问题,回弹使弯曲件的形状和尺寸,或者中心角和弯曲半径变得与模具尺寸不一致,影响零件的使用并给产品的装配带

来极大的不便和困难。影响回弹大小的因素有：材料的力学性能、相对弯曲半径 $\dfrac{r}{t}$、弯曲张角 α、弯曲方式及模具几何参数等。

3.2.1 回弹值的确定

1. 理论计算

金属在塑性变形过程中的卸载回弹量等于加载时同一载荷所产生的弹性变形，所以塑性弯曲的回弹量即为加载弯矩所产生的弹性曲率的变化。设塑性弯曲加载弯矩为 M，板料剖面的惯性矩为 J，由材料力学中弹性弯矩公式可得，弯矩卸去后的板料的回弹量 Δk 为

$$\Delta k = \frac{M}{EJ} \tag{3.1}$$

假定塑性弯曲的应力状态是线性的，即只有应力 σ_θ 的作用，忽略其他两个方向的主应力分量，如果板料的宽度为 b，厚度为 t，中性层位于剖面重心，半径为 ρ，则切向应力 σ_θ 所形成的弯矩可按梁的弯矩求得

$$M = 2b \int_0^{\frac{t}{2}} \sigma_\theta y \, \mathrm{d}y \tag{3.2}$$

式中，距中性层 y 处的切向应力 σ_θ 可按实际应力曲线由相应的切向应变 ε_θ 确定：

$$\varepsilon_\theta = \frac{y}{\rho} \tag{3.3}$$

塑性变形时，许多金属的真实应力和应变关系可用指数方程表示，即

$$\sigma_\theta = \pm C(\varepsilon_\theta)^n \tag{3.4}$$

式中，外层拉伸区的 $\sigma_\theta > 0$，$\varepsilon_\theta > 0$，内层压缩区的 $\sigma_\theta < 0$，$\varepsilon_\theta < 0$；C 为与材料性质有关的常数；n 为硬化指数，将式（3.3）代入式（3.4）可得内、外层切向应力：

$$\sigma_\theta = \pm C \left(\frac{y}{\rho} \right)^n \tag{3.5}$$

将式（3.5）代入式（3.2），可得弯矩：

$$M = 2b \int_0^{\frac{t}{2}} \sigma_\theta y \, \mathrm{d}y = 2b \int_0^{\frac{t}{2}} C \left(\frac{y}{\rho} \right)^n y \, \mathrm{d}y = \frac{Cbt^2}{2(n+2)} \left(\frac{t}{2\rho} \right)^n \tag{3.6}$$

由于板料的 $J = \dfrac{bt^3}{12}$，将 J 和式（3.6）代入式（3.1）得

$$\Delta k = \frac{1}{\rho} - \frac{1}{\rho'} = \frac{M}{EJ} = \frac{\dfrac{Cbt^2}{2(n+2)} \left(\dfrac{t}{2\rho} \right)^n}{E \dfrac{bt^3}{12}} = \frac{6C}{E(n+2)t} \left(\frac{t}{2\rho} \right)^n \tag{3.7}$$

回弹后的曲率半径：

$$\rho' = \frac{\rho}{\left[1 - \frac{6C\rho}{E(n+2)t}\left(\frac{t}{2\rho}\right)^{n}\right]}$$ (3.8)

因为卸载前后中性层不变：$\overset{\frown}{\rho\alpha} = \overset{\frown}{\rho'\alpha'}$，所以回弹后角度：

$$\alpha' = \frac{\alpha\rho}{\rho'} = \left[1 - \frac{6C\rho}{E(n+2)t}\left(\frac{t}{2\rho}\right)^{n}\right]\alpha$$ (3.9)

而角度回弹量：

$$\Delta\alpha = \alpha - \alpha' = \left[\frac{6C\rho}{E(n+2)t}\left(\frac{t}{2\rho}\right)^{n}\right]\alpha$$ (3.10)

2. 经验值选用

上述理论计算方法较烦琐，在实际弯曲时影响回弹值的因素又较多，而且各因素相互影响，因此计算结果往往不准确，在生产实践中常采用经验数值。各种弯曲方法与弯曲角度的回弹经验值可查阅有关手册或资料。

3.2.2　影响回弹的因素

1. 材料的力学性能

材料的屈服点 σ_s 越高，弹性模量 E 越小，弯曲变形的回弹也越大。若材料的力学性能不稳定，其回弹值也不稳定。材料的屈服点 σ_s 越高，则材料在一定的变形程度时，变形区断面内的应力也越大，因而引起更大的弹性变形，故回弹值也越大。弹性模量 E 越大，则抵抗弹性变形的能力越强，故回弹值越小。

2. 相对弯曲半径

相对弯曲半径 $\frac{r}{t}$ 或 $\frac{\rho}{t}$ 越小，弯曲变形区的总切向变形程度增大，塑性变形部分在总变形中所占的比例增大，而弹性变形部分所占的比例则相应减小，因而回弹值减小。反之，当相对弯曲半径越大，回弹值越大，这就是曲率半径很大的零件不易弯曲成形的道理。

3. 弯曲张角

弯曲张角 α 越大，表示弯曲变形区的长度越长，回弹积累值也越小，故回弹角 $\Delta\alpha$ 越大，但对弯曲半径的回弹影响不大。

4. 弯曲条件

(1) 弯曲方式对回弹量的影响

板料弯曲时的加载方式与简支梁在集中载荷下的横向弯曲相似。凸模压力在板料上产生的弯曲力矩，分布于整个凹模洞口支点内的板料上，如图 3.5(a) 所示。板料的弯曲变形实际上并不局限于与凸模圆角相接触的折弯线附近，在凹模洞口支点内的板料,都会产生不同程度的弯曲变形。如果板料在无底凹模中自由弯曲[图 3.5(b)],即便最大限度地减小凹模洞口宽度,使加载弯矩的分布区间尽可能集中,也很难使板料的弯曲曲率与凸模形状取得一致;但是在有底凹模的自由弯曲[图 3.5(c)]中,凹模底部对板料的限制作用使得弯曲结束时不平整的直边与凸模完全贴合,直边压平后的反向回弹,可减小和抵消圆角弯曲变形时的角度回弹。

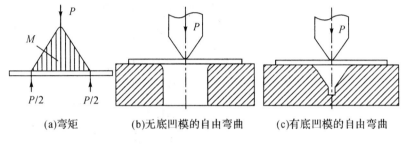

(a)弯矩   (b)无底凹模的自由弯曲   (c)有底凹模的自由弯曲

图 3.5   模具的弯曲形式及弯矩

(2) 模具几何参数对于回弹量的影响

模具的几何参数,如在弯曲 U 形件时,模具凸、凹模间隙,对弯曲件的回弹有直接的影响。间隙小,回弹小。相反,当间隙较大时,材料处于松动状态,工件的回弹就大。模具的几何参数还有凹模的圆角半径、凹模的宽度与深度等。如弯曲同样直边较长的 V 形件,模具可采取如图 3.6(a)、(b)所示的两种方式,从减小回弹量来看,图 3.6(a) 中直边部分可完全通过凸模压平,而图 3.6(b) 中只有一部分直边通过凸模压平,另一部分只是依靠板料的"纤维"牵连作用。显然采用图 3.6(a) 中的形式要比图 3.6(b) 效果好,但模具尺寸过大,成本也高,一般很少采用。

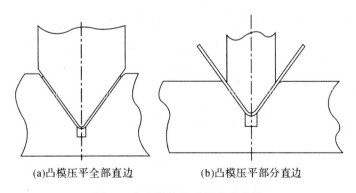

(a)凸模压平全部直边   (b)凸模压平部分直边

图 3.6 直边较长的 V 形件弯曲模

(3) 弯曲件的几何形状对于回弹量的影响

一般来说，弯曲件愈复杂，一次弯曲成形的回弹量愈小，这是由于在弯曲时各部分材料互相牵制及弯曲件表面与模具表面之间摩擦力的影响，因而改变了弯曲件弯曲时各部分材料的应力状态，这样使回弹困难，回弹角减小。如 U 形件的回弹小于 V 形件。

3.3 回弹的控制

一般来说，弯曲回弹控制主要有补偿法和修正法。补偿法主要是减少弯曲模中的凸、凹模对板料的接触面积来抑制回弹。校正法是一种事后修补的工艺措施，比较适合尺寸比较小的 U 形或 V 形弯曲件。图 3.7 所示是几种回弹后模具的修复（补偿法）。也有一些弯曲模为控制回弹，预先就设计成图 3.7 所示的结构。

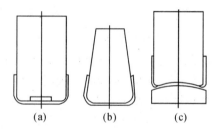

(a)　　　　　(b)　　　　　(c)

图 3.7　回弹后模具的修复

无论是回弹后修复或修改或是预先就设计补偿法这样的结构，模具的设计与修改会存在着如下问题：(1) 图 3.7(a) 所示对厚板弯曲的作用是非常有限的；(2) 如果是预先设计防回弹结构，U 形件在没有弯曲前是不知道究竟会生产何种弯曲回弹，是向内侧或是向外侧回弹并不确定，回弹的角度是多少也是未知的，所以在弯曲模结构设计中，预先考虑到减少弯曲回弹的结构设计意义并不大，而且会产生相反的结果，有可能产生更大回弹。由于弯曲成形毕竟是一种塑性变形，设工件要求弯曲角度为 90° 角，如果工件弯曲后产生回弹角 $\alpha_{\text{工}}$［图 3.8(a)］大于原来的角度，即 $\alpha_{\text{工}} > 90°$，$\alpha_{\text{工}} - 90° = \Delta\alpha$，或 $\alpha_{\text{工}} = 90° + \Delta\alpha$，为了减少回弹，模具中的凸模加工的角度修改为 $\beta = 90° - \Delta\alpha$，如图 3.8(b) 所示。或者当弯曲回弹角小于原来的角度，即 $\alpha_{\text{工}} < 90°$，$90° - \alpha_{\text{工}} = \Delta\alpha$，或 $\alpha_{\text{工}} + \Delta\alpha = 90°$，模具中的凸模加工的角度修改成 $\beta = 90° + \Delta\alpha$，但这也是不可靠的。

如果按此方法修改模具，一般并不会产生所设想回弹角度，或者刚好补偿回弹角度或接近回弹角度。事实上，在实际生产中，这类修改方法很少采纳或不采

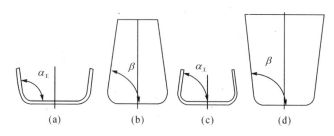

图 3.8　回弹后凸模的加工

用。原因是:(1)大多数弯曲凸、凹模制造后的状态是经过热处理后的状态,不太会不经过热处理就去试压的,也不会待确定回弹的方向或回弹量的多少后再来确定修改结构的;(2)经过热处理后的模具压制产生回弹后,结构修改就变得非常困难,特别是对尺寸比较大的弯曲件如 U 形件,磨削工作量很大;(3)修改结构后,一旦补偿的回弹没有达到设想的要求,模具就只能做报废处理。因此,用修改模具结构中凸模或凹模的方法并不能解决问题。

　　采用减小弯曲凸、凹模间隙取值的方法也不可取,由于板料自身有厚薄偏差,间隙实际上是很难确定的,只是一个大致的参考标准,间隙过小,压制时,会在冲压件侧表面产生过大的摩擦力而擦伤表面,影响零件的外观,间隙过大,则回弹加剧。相对来说,在企业里对模具制造者来说,修改模具结构或模具零件并不比重新制造模具零件简单和省事。因为回弹产生的回弹角多大,修改多大的角度能够补偿回弹并不能一次就确定下来,一般是凭经验估计的。如此就可能要反复多次修改模具结构或模具零件,然后不断地进行调试。这不但要提高模具制造成本,周期也会大大地延长。因此,一旦工作产生过大的回弹,一般会采取拉弯结构模具。就是在弯曲模工作时,通过加装的压边圈,在垂直方向加载由弹性元件产生的压边力 F_y,再由压边力产生水平方向的拉力 F(图 3.9)。

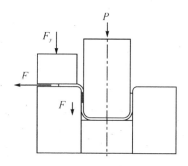

图 3.9　拉弯结构模具

板 料 冲 压

拉弯结构模具是指板料在普通弯曲模弯曲产生了过大的回弹后,在原来的模具结构上再加工安装的几个零件。

如与预先设计成图 3.2 所示的结构相比较,拉弯结构模具不会改变 U 形件的设计要求。所以,拉弯结构模具适合任何一种 U 形件的压制成形。图 3.10 所示是拉弯工艺后的板料的变形状态,板料弯曲时,加载垂直于板料断面的拉力为 F,设板料宽度为 B,加载了 F 后,就相当于加载了拉应力 $\sigma'_l = \dfrac{F}{Bt}$,只要 $\sigma'_l \geqslant \sigma_l$,或 $\dfrac{F}{Bt} \geqslant \left|\dfrac{M}{W}\right|$ 并满足:

$$\sigma'_l + \sigma_l = \frac{F}{Bt} + \frac{M}{W} \leqslant \sigma_b \tag{3.11}$$

$$F \leqslant \left(\sigma_b - \frac{M}{W}\right)Bt \tag{3.12}$$

式中,W 为板料抗弯截面系数,σ_b 为板料强度极限。因此,板料拉弯成形时,内侧产生的应力为 $\sigma'_l - \sigma_y > 0$,外侧产生的应力为 $\sigma'_l + \sigma_l$,都为拉应力。压制成形后,收缩方向是一致的,回弹就会比较好控制。

图 3.10   拉弯工艺后的板料的变形状态

3.4   设计实例

3.4.1   汽车纵梁与横梁的装配

图 3.11 所示的汽车纵梁是一种大尺寸的弯曲件,材料为 16MnL,厚度 $t = 8\text{mm}$,长为 10700mm,零件侧壁有许多孔,其孔中心位置与纵梁底部有尺寸距离偏差要求(图 3.12),这些孔有许多是按每组沿纵梁长度方向(相当于一般 U 形件宽度方向)上分布的,为在不同位置与多个横梁装配所用。汽车纵梁侧壁孔位与底部距离尺寸公差是保证与汽车横梁等零件正确装配的条件之一,但往往由于弯曲模设计和制造或材料性能等达不到技术要求,导致侧面上的孔与底部尺寸距离在不同位置出现不同程度的偏差,而且分布不均,影响了汽车纵梁与横梁

装配。如果纵梁弯曲产生了过大的回弹,则给装配带来很大的不便(图 3.13)。在此种情况下,往往是手工采用重锤敲打或其他工具装置,迫使过大弯曲形状进一步得到整形,直到铆钉勉强能穿过纵梁和横梁再铆接,如此,不但影响了车架装配质量,而且增加了操作人员的劳动强度。因此,希望汽车纵梁弯曲后回弹在可控范围内(图 3.14),那么铆钉穿过纵梁和横梁进行车架装配就能够达到汽车产品设计的要求。

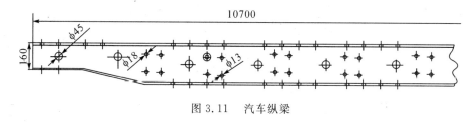

图 3.11　汽车纵梁

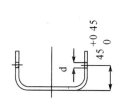

图 3.12　纵梁侧壁的孔位与
底部尺寸及偏差

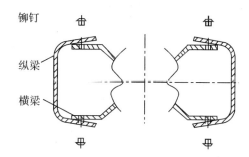

图 3.13　纵梁回弹过大与横梁的装配

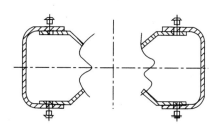

图 3.14　纵梁与横梁的装配

3.4.2　汽车纵梁回弹分析

如果不考虑汽车纵梁材料性能等因素,一般设计的模具结构如图 3.15 所示。由于纵梁长度比较长,凸模和凹模是分段制造再拼接的。即凸、凹模分段加工装配成部件,然后再拼装在上、下模板上,凸、凹模圆角常常用手工打磨,要在垂直凸模圆角半径 R_p 和凹模圆角半径 R_d 平面的轴线方向(纵梁长度方向上)保持一致是很难做到的。这样压制时,流入模腔中的材料快慢不一致,造成的应力和应变大小不同,回弹角大小也会不同。故零件侧壁的孔位与底部尺寸距离有不相同的偏差在所难免。回弹后,仅从汽车纵梁弯曲模的修改来说,由于汽车纵梁尺寸很大,材料厚度大,不可能事先设计成如图 3.7(a) 和图 3.7(c) 所示的结构,这意义并不大。也不可能在出现过大的回弹量后修改成图 3.8(b) 和图 3.8(d) 所示的两种结构。因为如果修改成如图 3.8(b) 和图 3.8(d) 所示的结构,不但模具修复工作量大,而且一旦修复后没有达到补偿回弹量的要求,模具就基本上只能做报废处理了。另外,这些结构也不能确定修改后的模具零件能否达到产品要求。

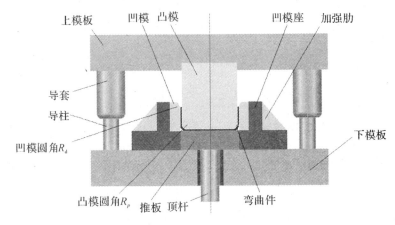

图 3.15 纵梁弯曲模

1. 压边力控制

对汽车纵梁这种大尺寸的弯曲件,产生过大的回弹后,通过设计与制造修正模校正弯曲,会大大提高冲压件的生产成本。因此,在实际冲压生产中,一般不采用这种方法。汽车纵梁弯曲模采用如图 3.16 所示的拉弯结构的模具,即对于汽车纵梁这种弯曲后产生的回弹,采用拉弯工艺的模具是比较合适的。带有压料圈的弯曲模具,其特点在于压料圈上的压力在板料拉入模腔内时使凸模产生的弯曲力相对于凹模圆角一边拉弯,一边拉入模腔中。没有压边圈的弯曲产生的弯曲沿中性层外侧是拉应力,内侧是压应力。回弹会朝向释放应力和应变的方向,即与应力产生的应变方向相反的方向产生回弹。而加装了压边圈后,内、外层产生了一致的拉应力,回弹就会减弱。

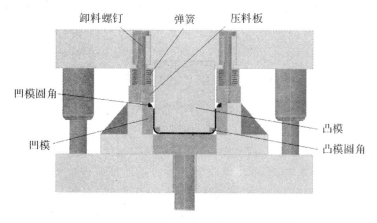

图 3.16 改进设计后的纵梁弯曲模

由于拉力 F 由垂直压边力 F_y 产生正应力 σ_y,且 $\sigma_y = \dfrac{F_y}{Bl}$,$\tau = \mu\sigma_y$,而 $F = 2\tau Bl$,并取 $M \approx \dfrac{1}{4}Bt^2\sigma_s$,$W = \dfrac{Bt^2}{6}$,由式(3.12)并经整理可得压边力 F_y 的近似值:

$$F_y \leqslant \frac{(\sigma_b - 1.5\sigma_s)}{2\mu}Bt \qquad (3.13)$$

式中,μ 为摩擦因素,设板料与压料圈的摩擦因素和板料与凹模上表面的摩擦因素相同;σ_s 为板料屈服极限(MPa)。或可取 $F_y = (0.3 \sim 0.8)P$,P 为弯曲力。可以看出,压边力 F_y 取值与将卡在凹模中的零件从下往上顶的顶出力相似。

拉弯结构模具的优点还在于不会改变汽车纵梁的结构设计要求,更不会影响装配要求。关键是弯曲过程中加载的压边力问题,如果加载恒定的压边力,则只要压边力产生的切向摩擦力在开始时就大于弯曲内层的压应力和外层的拉应力,则压边力就能起到拉弯作用。但弯曲后期,变形抗力进一步增加,所需的拉弯力也要相应增加,恒定的压边力就无法满足要求了。如果采取一般的弹性元件如弹簧和橡皮,虽然加载过程压边力不断增大,但是初始提供的压边力不大,不足以产生比较大的切向摩擦力。弯曲开始时,拉弯作用效果不明显,只能是在弯曲后期,一方面产生比较大的拉应力,另一方面拉应力随变形抗力的增加进一步增加。由于采用弹簧和橡皮的压缩量有限,一般只能在深度不大的 U 形件中使用。对于深 U 形件弯曲,在弹性元件的中间增加垫板,增大压缩量,但会显得模具结构非常庞大。理想的方法是将液压压力机上、下顶出液压机构设置成变化的压边力,随着弯曲过程的进行,压边力随之增大。

板料冲压

2. 加工方法的改进

为了消除手工磨削圆角对弯曲回弹的影响,模具设计中在原先凸模、凹模圆角处采用刨削或铣削加工并磨出相应的矩形缺口,凸、凹模圆角部分是采用棒料经车削及磨削等加工,并采用$\frac{1}{4}$圆柱安装上去的,避免原先手工磨削加工凸、凹圆角尺寸不易控制的问题。虽然加工成本比原先略有提高,但整副模具的制造精度大大地提高。经过改进后的模具,极大地降低了回弹,而且零件侧壁的孔位与底部距离的偏差可控制在要求范围内,满足了纵梁与横梁的装配要求。采用改进后的U形弯曲成形方法,也可明显改善类似的其他冲压件成形质量。为了控制回弹或保持成形后工件形状的一致性,所设计的凹模圆角也可修改设计成45°倒角的形式,这样加工更加方便。如图3.17所示。

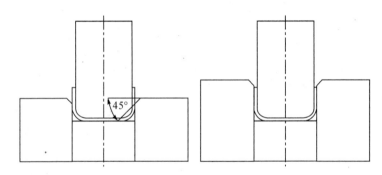

图 3.17   45°倒角凹模

3.4.3   带上、下出料机构的 U 形弯曲模

大型弯曲件弯曲后,要考虑到由于回弹的产生,会使U形件卡在凸模上并随凸模上升取件困难。如纵梁这样的大件更是要求取件平稳。压制后,U形件能停留在凹模的上平面水平位置上,便于机械手或其他专用工具取出,可保证产品质量。

图3.18所示是带上、下出料机构的U形弯曲模结构设计图,其工作原理为:没工作前,上、下板模脱开,压料圈12的下平面和推杆6的下平面平齐(图3.19),或推杆下平面比压料圈下平面稍缩进1～2mm。凸模7下平面比压料圈12下平面和推杆6下平面缩进一段距离,这样,不会使推杆先压住板料,可避免板料上有压印。上模板下行,压料圈先压住板料,压料圈的作用是板料弯曲拉弯作用下,减少或抑制回弹产生。如图3.20所示为压制工作完成后,推杆推出U形件。事实上,这种情况不多见,工件在上模板上升过程中早已脱开了凸模,停留在凹模座13和凹模14的表面上。

54

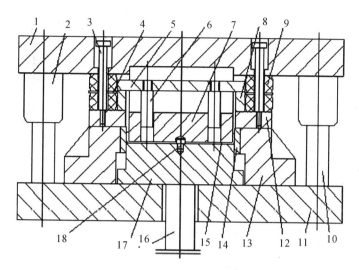

图 3.18　模具结构

1.上模板　2.导套　3.卸料螺钉　4.垫板　5.推板　6.推杆

7.凸模　8.支架　9.橡皮　10.导柱　11.下模板　12.压料圈

13.凹模座　14.凹模　15.U 形件　16.顶杆　17.顶板　18.定位销

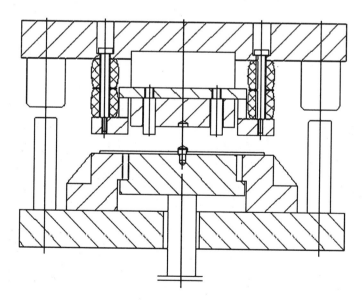

图 3.19　上模下行过程中的状态

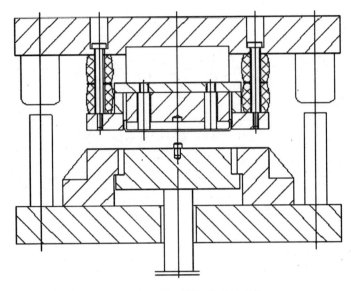

图 3.20 压制工作完成后的状态

模具的设计要点：推板 5 与压料圈 12 及推杆 6 采用刚性连接，共同采用弹性元件橡皮 9 上产生的弹力。凸模 7 上开出几条槽，槽的数量与位置视 U 形件长度均布。只要留出一定的上下空间即可。弹性元件橡皮高径比要满足 $\dfrac{H}{D}=1.5$。如果高径比太大，则中间增加隔开的垫板 4。

该结构不但对纵梁非常有效，而且在某农用车的短纵梁弯曲后的弯曲模的改进设计中，也取得了理想的效果。压制后，工件平稳地留在凹模上表面，不但取件非常方便，而且也没有压痕。

总之，此种考虑了上取料机构的模具结构，关键在于不要使上打出杆伸出压料圈，如果打料下平面比压料圈平面要伸出一定的距离，由于打料力比较大，板料在没有成形前受到打料局部的比较大的力，有可能会使纵梁表面产生压痕。某农用车的短纵梁技术要求中是不允许有压痕的。U 形件经过弯曲变形后，强度、刚度都有了大幅度的提高，上模板 1 往上运动时，即使打料机构做同样的打料动作，出现压痕的概率也会大大降低。实际生产农用车的短纵梁时，没有发生压痕现象。

第4章 汽车覆盖件拉深工艺分析
和拉深缺陷预测

4.1 引 言

汽车覆盖件大多数为大尺寸、大变形、复杂空间曲面的冲压件,冲压成形难度较高,难以像盒形件那样可以用公式并结合图形算出拉深次数,也不能设计出中间的拉深形状和尺寸,所以一般要求一次拉深来进行冲压生产。然而覆盖件模具设计与制造周期长、成本高,分析此类冲压件成形工艺,或判断其能否一次拉深成形的可能性就显得非常必要。现在大多根据经验分析方法并参照相类似的冲压件拉深情况作出判断,但是要依赖于长期的汽车覆盖件模具设计的经验积累。由于汽车覆盖件外形很不一致,或者是完全不规则的,毛坯形状也是完全不规则的,毛坯进入模腔中凹模入口的流动阻力同样就会完全不同。现有压力机在拉深过程中能提供的压边力一般有三种类型(图4.1),如加载在压边圈上的弹性元件橡皮和弹簧,随着拉深过程的进行,压边力是逐渐增大直至拉深结束。

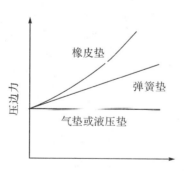

图 4.1 压边力的变化曲线

这种拉深情况是：初始拉深时，起皱一般发生在拉深的初始阶段，此时应加载比较大的压边力，随着拉深过程的进行，拉裂趋势加剧，压边力要适当地减小，然而，弹性元件橡皮和弹簧随着逐渐压缩而释放的压边力是逐渐增大的，对于拉深是不利的。恒定加载的压边力如气垫、液压垫，在拉深过程中加载的压边力是恒定的，稍有改善，但还是没有满足拉深过程中所需要的压边力的要求。对筒形件拉深，由于各处受力状况相同，随着拉深过程的进行，加载的整体刚性压边圈的压边力会随着起皱和拉裂及变形抗力的不同要求趋势适当变化，就比较理想；而对于盒形件或复杂薄板件(如汽车覆盖件)拉延成形，如果加载整体刚性压边圈，则整体刚性压边圈的压边力也要随着起皱和拉裂及变形抗力的不同要求趋势适当调整，与拉深筒形件不同的是，除了拉深过程中可调整整体刚性压边圈的压边力外，还由于板材各部分流入模腔的流速是不一致的，往往需要对不同部位施加不同的限制力，如果在板料周围都施加相同的压边力，就容易导致有些部位起皱、有些部位拉裂的缺陷。拉深件开口外形沿周一般由圆角和直线及非规则的曲线所组成，而拉深时，板料在这几处流入凹模型腔的阻力和流速不同，一般直边处的进料阻力最小，流速最快，圆角处进料阻力比直边处大，部分材料会朝向圆角与直边接壤并靠直边的阻力较小处涌来，因此材料直边在此会发生堆积而起皱。如果采用整体刚性压边圈，考虑圆角不至于拉裂而减小压边力会使直边起皱，同样为消除直边起皱而增大压边力又会使圆角处拉裂。因此，拉深复杂拉深件要做到：(1) 各处拉深阻力不同的地方要加载不同的压边力；(2) 压边力不仅要随着各处拉深阻力不同的地方变化，还要随着各自起皱和破裂及变形抗力的不同要求趋势作出变化。事实上，拉深复杂拉深件远比拉深如筒形件一类规则的拉深件复杂得多。生产现状是：拉深复杂拉深件，大多采用加载整体刚性压边圈并采用恒定压边力，并在材料容易进入模腔处增加加强肋来改变拉深阻力。为了平衡各处不同的拉深阻力和板料流入模具腔内的流速，拉深模具中直边处就要布置加强肋，一般布置1～3根加强肋(图4.2和图4.3)，而不同数量的加强肋会引起不同大小的附加拉应力，对什么样的覆盖件要布置什么样的加强肋一般是比较明确的，问题是究竟要布置多少根。是模具制造时就加工出3根加强肋并留出的位置，还是试模时再考虑。由于多数情况下，模具材料都是经过热处理过的，如果事先仅加1根试模，确定后，再增加加强肋，模具制造就会比较麻烦。但模具制造时就加工出3根加强肋并留出位置，视试模情况后减少加强肋，则留出的位置就会出现空穴，拉深时材料经过可能会由于压边圈没有压住而发生起皱。比较可行的是，事先仅加1根试模，确定后，模具材料也暂时不经过热处理，试模确定后再增加加强肋。虽然模具制造会延长周期，但能确保模具质量。为降低生产成本，在模具设计与制造前，通常采用计算机数值模拟技术，通过模拟来预测复杂形状的工件在拉深过程中的应力和应变及表面状态,并指出可能发生拉裂或起皱的部位。但是对于计算机模拟,每一次模拟都是在预先假设或给定的参数条件下进行的,这存在一些问题,比如:(1) 模拟取的毛坯尺寸形状不同,模拟中加载的压边力大小也不同,而压边力大小与拉深过程中发生拉裂或起皱趋势可能性有关;(2) 若加载整体刚性压边圈,如何确定各处的阻力大小;(3) 加强肋要布置多少根才会使各处的拉延阻力趋于一致;(4) 模拟冲模拉深速度、网格大小细密程度、单元数量等,也都会影响模拟的准确度。还有一个问题是:汽车覆盖件尺寸都由装配位置测量所得,而测量所得尺寸都是有限的,如果尺寸太多、太密,则汽车覆盖件图纸尺寸会显得非常凌乱而无法识别。针对此,可根据测量所得的无数个数据文件转化成曲面,这比汽车覆盖件图纸尺寸标注有了很大的改进。但还需要有模具设计人员进行曲面的修正,且关键在于此曲面是否与原始模型一致,因为这会影响到拉深成形的模拟结果正确与否。因此,计算机模拟结果只能是一种有价值的参考结果,还要与实际拉深情况进一步对照,因此模拟时设计人员的工作量并不小。复杂汽车覆盖件从设计到生产出产品的过程一般要经过产品设计、冲压工艺分析、模拟、模具设计与制造、模具调试修正等,是一个比较长的设计与制造生产周期。

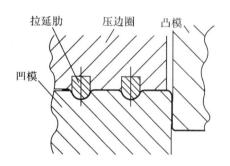

图 4.2　覆盖件拉延成形的加强肋

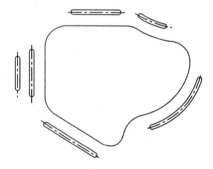

图 4.3　加强肋在凹模口形状上的布置

4.2　汽车覆盖件一次拉深成形的局部分析

要分析判断汽车覆盖件能否一次拉深成形,首先要分析盒形件能否一次拉深成形。如图 4.4 所示,判断盒形件是否可一次拉深成形,可采用筒形件拉深系数的计算方法,即设想盒形件 4 个圆角(圆角半径 R),合并成一个假想的筒形件(图 4.5),求出筒形件毛坯直径 D_0,计算该筒形件拉深系数 $m = \dfrac{2R + t}{D_0}$,拉深系数中的拉深后直径一般取板料的中线处直径。如 $m > m_{min}$，盒形件可一次拉深成形；$m = m_{min}$，为临界状态；$m < m_{min}$，不能一次拉深成形。相对来说，拉深筒形件要比拉深盒形件困难一些，如果假想的筒形件一次能够拉深得出来，则盒形件就一定能一次拉深出来。但是若假想的筒形件计算出的拉深系数处于临界状态，并不意味着盒形件就不能一次拉深成形，此时如果盒形件模具设计能够考虑采取增大凹模圆角等工艺措施也是有可能一次拉深得出来的。一般情况下，当计算出的假想的筒形件的拉深系数 $m < m_{min}$ 时，盒形件一般不能够一次拉深得出来。

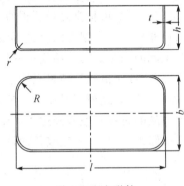

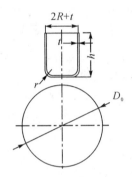

图 4.4　盒形件　　　　　　图 4.5　假想的筒形件尺寸

　　在盒形件冲压生产中，用这一方法来判断盒形件是否能一次拉深出来是比较可靠的。通过盒形件局部如圆角计算拉深系数的方法比较简便，而且不需要事先判断盒形件是高盒形件还是低盒形件。图 4.6 所示是某车型门框零件，材料为08Al，料厚为 1.1mm。该冲压件尺寸大，形状复杂，表面质量要求高，成形难度高。该零件的冲压工艺流程是：① 拉深；② 冲裁中间底部部分；③ 修边。要生产出合格的车门框零件，拉深工序的成功与否是最重要的，如果在拉深过程中发生了拉裂，冲压生产就不可能按工艺流程进行下去。在拉深过程中是否会发生拉裂现象，就要对拉深可能性进行初步的分析、判断。按经验的方法估计及参照类似的冲压件拉深成形，以 xoz 坐标面（如图 4.6a）可看出右下角一段密集标注尺寸的非规则弧线处成形难度最大，是容易拉裂处，而一旦该处发生拉裂，则整个零件就不可能拉深出合格的产品；其次是右上角拉裂的可能性也很大。对于这种复杂拉深件，通常的做法是整体建模进行有限元模拟，但要花费大量的时间，而且模拟毛坯究竟取怎样的形状与尺寸是很难确定的，这就影响模拟的准确性进而影响到模拟的结果是否有参考价值。然而，和盒形件一样，取局部的形状分析就要简单得多。图 4.7 所示是将右上角局部合并成一个假想的上部矩形下部杯形的带有台阶的工件，凭经验进行工艺分析或计算，可得出该工件一次拉深成形的可能性是存在的,但还不能完全确定。而计算模拟结果认为其是可以一次拉深成形的。同样,右下角边上圆角部分也可以参照右上角合并方法,同样凭经验分析或计算可得出该工件一次拉深成形的可能性不大,但其分析结果还不能完全确定。

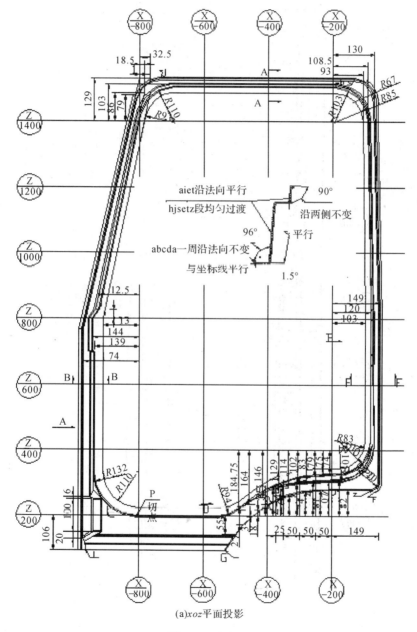

(a)xoz平面投影

图 4.6　车门框

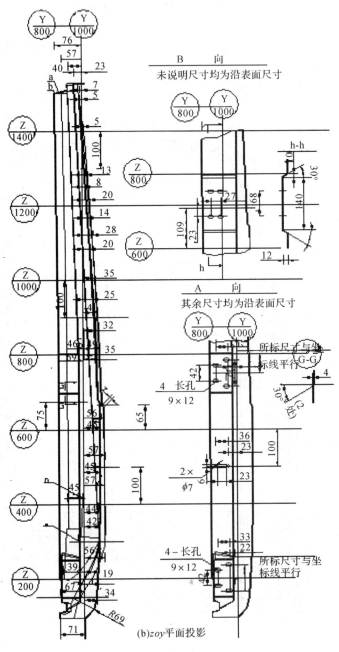

(b)zoy平面投影

图4.6 车门框(续)

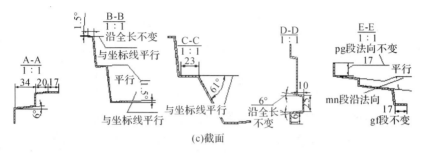

图 4.6　车门框(续)

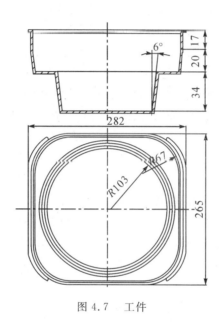

图 4.7　工件

4.3　拉深系数近似计算

　　车门框一类冲压件外形轮廓不外乎由直线和圆弧及不规则曲线所组成,而这些图形元素均有标注的尺寸。直线和圆处的拉深情况比较好计算或分析,比较困难的是不规则曲线处。如图 4.6(a) 所示,右下角有一段密集标注尺寸的非规则弧线。由于在设计冲压件时会对非规则曲线给出比较多的尺寸来表达曲线形状,因此可设想,利用给出标注的尺寸点,求解出拟合曲线方程,设为 $y(x)$,根据

板料冲压

$$\rho = \frac{[1+y'(x)^2]^{\frac{3}{2}}}{|y''(x)|} \approx \frac{1}{|y''(x)^2|}, \frac{\mathrm{d}\rho}{\mathrm{d}x}=0,$$ 可得到拟合曲线上最小曲率半径 ρ_{min}，

再将 ρ_{min} 假想成一个筒形件，并参考筒形的拉深系数来计算此处的拉深系数 m，对比材料的极限拉深系数 m_{min}，若 $m > m_{min}$，可以一次拉深；$m < m_{min}$，不能一次拉深；$m = m_{min}$，为临界状态。事实上，由于曲率半径 ρ_{min} 处一定是拉深最困难的地方，所以，只要计算该处的一次拉深可行性，就能确定整个冲压件的一次拉深可行性了。一个不可忽略的情况是，实际冲压生产时，在车门框一类冲压件拉深时，是要进行冲压方向选择的。车门框外形是空间形状，其 xoz 平面和 zoy 平面上的尺寸都是通过测量零件安装在汽车上的装配位置所得，并不是理想的冲压方向。冲压方向选择得当与否，不但决定了能否拉深出满意的拉深件，而且影响到工艺修补部分的多少和压料面形状。有些形状复杂的拉深件往往会由于冲压方向选择不佳，而拉深不出满意的拉深件来，只好改变冲压方向，这样就需要修改拉深模。而有的拉深模是很难或是无法修改的，一般凸、凹模材料都是经过热处理的，只能进行磨削处理，而磨削处理只能在很小范围内修改和打磨。在这种情况下，需要重新设计和制造拉深模，并且还要相应地修改拉深模以后工序的模具。因此应考虑到确定冲压方向的几个要素：(1)凸模开始拉深时与拉深毛坯接触面积要大；(2)凸模开始拉深时与拉深毛坯接触应可能靠近中间；(3)凸模开始拉深时与拉深毛坯接触应尽可能多且分散；(4)压料面各部位阻力要求均匀；等等。理想的冲压方向是与门框底部(面)相垂直的方向。图 4.8 所示为按 B－B 截面投影图，就是垂直于门框底部(面)的冲压方向。因此整个冲压件要按冲压方向进行投影变换。

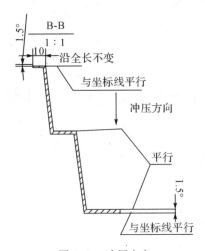

图 4.8　冲压方向

64

即车门框原标注的坐标尺寸或计算的局部形状的一次拉深可行性就要按冲压方向变换后的投影尺寸进行变换。根据坐标变换(图 4.9),由 x_1oy_1 绕 o 轴旋转 α 角变成 x_2oy_2,则 x_1oy_1 平面内的 x_1,y_1 就变成 x_2oy_2 平面内的 x_2,y_2,其相互关系由下列(4.1)和(4.2)式组成。

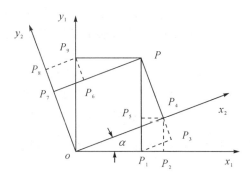

图 4.9　坐标轴的旋转变换

$$\begin{cases} x_1 = oP_1 = oP_2 - P_4P_5 = x_2\cos\alpha - y_2\sin\alpha \\ y_1 = PP_1 = PP_5 + P_2P_4 = y_2\cos\alpha + x_2\sin\alpha \end{cases} \quad (4.1)$$

$$\begin{cases} x_2 = PP_7 = PP_6 + P_8P_9 = x_1\cos\alpha + y_1\sin\alpha \\ y_2 = PP_4 = PP_3 - P_3P_4 = y_1\cos\alpha - x_1\sin\alpha \end{cases} \quad (4.2)$$

按冲压方向(即 y 方向),求解 xoz 平面内的非规则曲线的拟合曲线或曲率半径,则要在 xoy 平面上进行坐标变换。由于零件外形是空间曲线,因此零件在垂直于底部的方向上得到的冲压件高度并不完全相同,而拟合曲线是按 xoz 平面观察的,这样变换后的投影尺寸所得到的拟合曲线就会与变换前的拟合曲线有所不同。同样 ρ_{min} 也会不同,为使两者一致,可取垂直于冲压方向上冲压件外形高度为等高。则无论是否变换,都不会影响拟合曲线形状或 ρ_{min} 计算,或者影响极其微小到可忽略不计。车门框由于旋转的 α 角很小,为 $1.5°$,根据式(4.1)和式(4.2)计算非常接近,在此就忽略不计。直接采用产品图纸上的 xoz 平面进行非规则曲线的拟合曲线或曲率半径计算。根据拟合曲线形状得到 ρ_{min},但在实际计算时按 ρ_{min} 处的高度计算假想的筒形件,从而计算筒形件拉深系数,将拉深系数与材料的极限拉深系数做对比,就能分析得到是否会发生拉裂。经如此分析计算得出:右下角不规则曲线处凭经验有可能发生拉裂,而计算结果显示也会发生拉裂。模拟结果证实右下角成形过程中会发生拉裂现象。

4.4 试压验证

由于车门框设计要求左右对称。为了减少不必要的损失,拉深工序采用分段拉深,零件共分四个部分进行拉深,最后采取拼接的方法。上段采取上下对称两件同时拉深(图 4.10);左右两个边的立柱各采用单独的模具;下段的形状采取上下左右对称四件一起拉深(图 4.11)。先制造两副模具,即上段两件轴对称模具和下段四件上下左右对称模具,模具为 45 号钢,镶块结构。经试压,上段两件对称件经模具压制后,没有发生拉裂,而下段四件上下左右对称件经模具拉深后发生严重的拉裂。因此生产该冲压件就要考虑更换屈强比$\left(\dfrac{\sigma_s}{\sigma_b}\right)$更低的材料或修改冲压件结构。

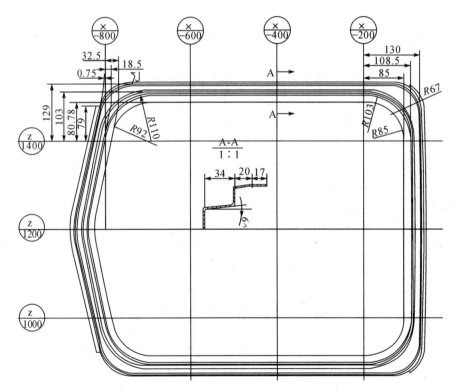

图 4.10 车门框上段的上下对称设计

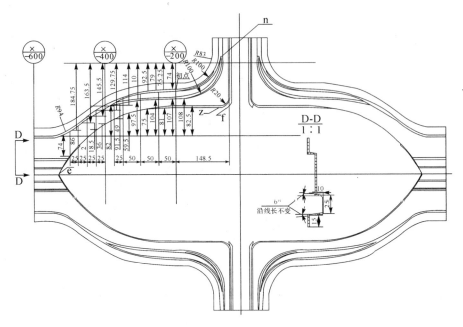

图 4.11　车门框下段的上下左右对称设计

4.5　结　　论

　　分析如车门框一类的复杂拉深件的一次拉深的可行性与可靠性,主要就是预测是否会发生拉裂,因为只要有一处发生了拉裂,则整个零件生产过程便不能进行下去。采用计算机模拟技术,整体建模比较耗时且工作量大。事实上,对此类冲压件,可运用局部形状分析判断和计算,工作量就大大减少,也可大致确定拉裂可能发生的部位。冲压件拉深过程中发生拉裂处一般都发生在曲率半径比较小的地方,若在最小曲率半径处预测的结果是不会发生拉裂,则进行整体冲压件拉深生产过程就有了保证。

第5章 拉深件原始坯料
的确定及作用

5.1 引 言

毛坯形状是影响板料成形的重要工艺因素之一。毛坯的优化设计一直是研究人员关注的问题。早期的设计方法如经验法、几何映射法、滑移线法等采用了一些近似条件,在求解过程中只考虑了零件的形状,而忽略了压边力、拉深肋、摩擦润滑等参数的影响,误差较大,复杂成形件或拉延件的原始毛坯形状与尺寸关系到成形或拉延是否合格及产品品质。而根据拉延或成形前后体积或重量不变、表面积基本不变来计算原始毛坯形状与尺寸,也仅仅局限于简单几何形状的回转体如筒形件。稍复杂的规则回转体一般采用久里金法则近似算法才能计算出原始毛坯形状与尺寸。所以一般对于复杂成形件或拉延件的原始毛坯形状与尺寸的确定,通常采用试错法进行,即根据经验或相似法则取大致接近真实毛坯形状的板料,不断地试压和修正,直到获得真实毛坯形状与尺寸。再根据真实毛坯形状与尺寸设计落料模的落料或其他加工方法的下料。但如此影响模具设计与制造周期。本章讨论复杂成形件或拉延件的原始毛坯形状与尺寸的确定方法,先在接近真实毛坯形状的板块上按一定几何规律,画出圆形或其他规则几何图形,并编出相应的序号,试压后,将沿成形件或拉延件的口部一周上的序号连接起来,再来连接确定原始板坯上序号,即可得到比较真实的毛坯形状与尺寸。

5.2 筒形件的原始坯料确定及作用

如图5.1所示的筒形件,先要将其拆分为图5.2所示的三部分形状,并计算各部分面积,才能得到毛坯形状和尺寸(图 5.3),由变形前后表面积不变得 A_0 = A,其中,A_0 为变形前毛坯面积,A 为变形后表面积。根据图形并注意到一般拉深件采用厚度中线计算面积,则有

$$\frac{1}{4}\pi D_0^2 = A_1 + A_2 + A_3$$

$$= \pi(d-t)(h-t-r) + \left[\pi(d-2t-2r) + 4\left(r+\frac{t}{2}\right)\right]\times$$

$$\frac{1}{2}\pi\left(r+\frac{t}{2}\right) + \frac{\pi}{4}(d-2t-2r)^2 \qquad (5.1)$$

对于图 5.3 所示的筒形件,算出原始毛坯就可计算拉深系数 m,$m = \dfrac{d-t}{D_0}$。如果 $m > m_{\min}$,($m_{\min}$ 为材料的极限拉深系数),就可设计圆坯落料模。如果 $m < m_{\min}$,则要考虑多次拉深并计算各次拉深系数。对于第 4 章中的图 4.4 所示的盒形件,如根据图 4.5,计算拉深系数,可确定盒形件设计时的 r 与 R 之间的关系。将式(5.1)中的 d 换成 $2(R+t)$:

$$\frac{1}{4}\pi D_0^2 = \pi(2R+t)(h-t-r) + \left[2\pi(R-r) + 4\left(r+\frac{t}{2}\right)\right]\times$$

$$\frac{1}{2}\pi\left(r+\frac{t}{2}\right) + \pi(R-r)^2 \qquad (5.2)$$

取 $\dfrac{2R+t}{D_0} = m_{\min}$,代入式(5.2)并经整理就可得 r 与 R 之间的关系(计算略)。实际设计盒形件时,只要取 $R_{\text{工件}} > R$ 或 $r_{\text{工件}} > r$($R_{\text{工件}}$ 或 $r_{\text{工件}}$ 为实际设计的圆角),就可保证不会发生拉裂。事实上,设计盒形件主要是 3 个参数:r,R,h。采用式(5.2),只要确定 1 个尺寸,则其余 2 个尺寸可由计算得出其相互关系。筒形件毛坯直径的计算还可借助于工程软件的帮助,图 5.1 所示的筒形件借助于工程软件计算或查询可得体积为 V,设坯料体积为 V_0,由拉深前后体积不变,$V_0 = V$,即 $V_0 = \dfrac{1}{4}\pi D_0^2 t = V$,可得

$$D_0 = \sqrt{\frac{4V}{\pi t}} \qquad (5.3)$$

坯料尺寸只给出一个的(厚度除外),都可由变形前后体积相等、重量相等或表面积相等求出。

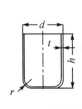

图 5.1 筒形件

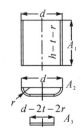

图 5.2 筒形件拆分

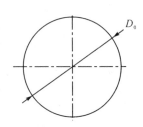

图 5.3 坯料

5.3 浅盒形拉深件毛坯形状的确定

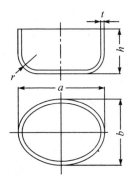

图 5.4 椭圆拉深件

非规则形状拉深件一般指如盒形件和椭圆件等,与筒形件相比,不能由变形前后体积相等、重量相等或表面积相等求出。椭圆件虽然也是一个简单形状的拉深件(图 5.4),如用式(5.3),$V_0 = V$,则 $\pi \times \dfrac{a'}{2} \times \dfrac{b'}{2} \times t = V$,式中,$a'$ 为椭圆毛坯长轴;b' 为椭圆毛坯短轴。一则 a' 和 b' 确定不下来,二则即便确定下来也不能作为椭圆毛坯形状之用。根据所做的实验,椭圆毛坯形状并不是在原有椭圆水平投影方向的等距离放大,而是接近于椭圆形状或类似于椭圆形状。

同样盒形件也是如此,浅盒形件的毛坯形状类似于椭圆,一般采用作图的方法求得。

浅盒形件毛坯求解计算和作图步骤如下(图 5.5):

① 首先求出弯曲部分的长度 L 和圆角部分展开的毛坯半径 R:

当 $r \neq r_p$ 时, $R = \sqrt{r^2 + 2rH - 0.86r_p(r + 0.16r_p)}$ (5.4)

当 $r = r_p$ 时, $R = \sqrt{2rH}$ (5.5)

直边部分展开长度:

无凸缘时, $L = H + 0.57r_p$ (5.6)

有凸缘时, $L = H + R_f - 0.43(r_f + r_p)$ (5.7)

式中,H —— 盒形件的冲压高度,$H = h + \Delta h$;

    r_p —— 盒底和盒直边的连接半径(凸模圆角半径);

    r —— 两直边的连接半径;

r_f—— 凸缘与直边的连接半径；

R_f—— 底部圆角中心到凸缘外边沿之间的距离。

盒形件的修边余量 Δh 如表 5.1 所示。

表 5.1　盒形件修边余量 Δh

所需拉深次数	1	2	3	4
修边余量	$(0.03 \sim 0.05)h$	$(0.04 \sim 0.06)h$	$(0.05 \sim 0.08)h$	$(0.06 \sim 0.1)h$

②按 1∶1 比例画出盒形件平面图，并过 r 圆心作一条水平线。以半径 R 作圆弧交于 a；

③画直边展开线交于 b，其距离 r_p 圆心迹线的长度为 L；

④通过 ab 中心 c 画一直线与圆弧 R 相切，使得阴影部分面积 $+f$ 等于 $-f$，并用 R 将切线与直边展开线连接起来，即得毛坯外形（图 5.5 和图 5.6）。

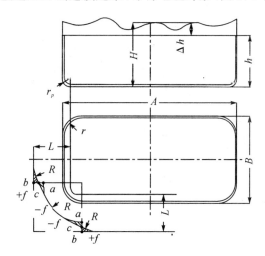

图 5.5　浅盒形件毛坯求解计算和作图

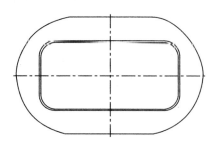

图 5.6　浅盒形件毛坯

71

5.4 基于 Bézier 曲线的浅盒形件的毛坯展开

Bézier 曲线数学表达式：

$$P(t) = \sum_{i=0}^{n} P_i B_{i,n}(t)\,(0 \leqslant t \leqslant 1) \tag{5.8}$$

式中，P_i 为各顶点的位置矢量；t 为 Bézier 曲线的参变量，$B_{i,n}(t)$ 为 Bernstain 的基函数，也就是 Bézier 多边形的各顶点位置矢量之间的混合函数，该函数的数学表达式为

$$B_{i,n}(t) = \frac{n!}{i!\,(n-i)!} t^i (1-t)^{n-i} \tag{5.9}$$

Bézier 曲线性质如下：

(1) 端点性质，由式(5.9)规定：0^0 和 0!均为 1。

当 $t = 0$ 时，$P(0) = \dfrac{n!}{1 \cdot n!} 0^0 \cdot (1-0)^0 \cdot P_0 = P_0$；

当 $t = 1$ 时，$P(1) = \dfrac{n!}{n! \cdot 1} 1^n \cdot (1-1)^0 \cdot P_n = P_n$。可知，Bézier 曲线通过多边形折线的起点和终点。对式(5.9)求导可得

$$B_{i,n}(t) = \frac{n!}{i!\,(n-i)!}\big[i \cdot t^{i-1}(1-t)^{n-i} - (n-i) \cdot t^i (1-t)^{n-i-1}\big]$$

$$= n\Big[\frac{(n-1)!}{(i-1)!\,(n-i)!} t^{i-1}(1-t)^{n-i} - \frac{(n-1)!}{i!\,(n-i-1)!} t^i (1-t)^{n-i-1}\Big]$$

$$= n[B_{i-1,n-1}(t) - B_{i,n-1}(t)]$$

在起始点，$t = 0$，$P'(0) = n(P_1 - P_0)$；在终止点，$t = 1$，$P'(1) = n(P_n - P_{n-1})$。

说明 Bézier 曲线在两端点处的切矢方向是与 Bézier 多边折线的第一条边和最后一条边相一致的。

(2) 递推性。如定义确定 m 个顶点，可定义一条 $m-1$ 次的 Bézier 曲线。如当 $m = 3$，顶点 P_0, P_1, P_2 可定义一条二次 Bézier 曲线，此时式(5.8)可以改写成

$$P(t) = (1-t)^2 P_0 + 2t(1-t)P_1 + t^2 P_2\,(0 \leqslant t \leqslant 1) \tag{5.10}$$

式(5.10)的矩阵形式为

$$P(t) = \begin{bmatrix} t^2 & t & 1 \end{bmatrix} \begin{bmatrix} 1 & -2 & 1 \\ -2 & 2 & 0 \\ 1 & 0 & 0 \end{bmatrix} \begin{bmatrix} P_0 \\ P_1 \\ P_2 \end{bmatrix}\,(0 \leqslant t \leqslant 1) \tag{5.11}$$

Bézier 曲线还有曲线形状与控制顶点排序无关的性质。对于非规则浅盒形件毛坯展开的解析算法,关键问题是构造盒形件直边与圆角处连接的曲线,假设在直边处计算出毛坯实际外形线上点的坐标值和其切矢,令其为 Bézier 曲线上某一端点位置和切矢,同样,圆角处也计算出毛坯外形线上点的坐标值和该点切矢,作为 Bézier 曲线上另一端点位置和切矢,并令其两端点的切矢相交点作为控制顶点,即可作出该段的二次 Bézier 曲线。该曲线即可被认为是直边与圆角处的毛坯外形曲线,将不同直边与圆角采用同样的方法连接,则可得到整个毛坯外形曲线。具体推导略。图 5.7 和图 5.8 所示的浅盒形件毛坯即采用二次 Bézier 曲线构造的方法所得。

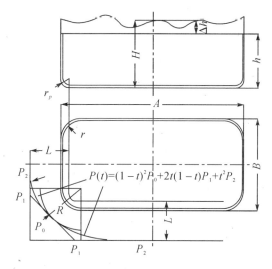

$$P(t)=(1-t)^2 P_0 + 2t(1-t)P_1 + t^2 P_2$$

图 5.7　浅盒形件坯料形状构造

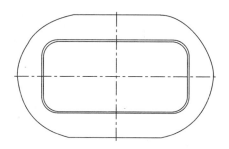

图 5.8　浅盒形件坯料外形

73

根据以上的两种算法,对于图 5.5 所示的盒形件(设 $t = 1mm, h = 60mm,$ $r_p = 10mm, A = 322mm, B = 172mm, r = 50mm$),则可得两种算法的比较结果,如图 5.9 所示。可见,这两种算法的图形曲线基本吻合。如不考虑高度方向上的修边余量并假设拉深前后表面积相等,则盒形件面积是 $165674mm^2$,几何算法展开后坯料面积为 $165431mm^2$,基于 Bézier 曲线的浅盒形件的毛坯展开后坯料面积为 $165327mm^2$。这两种算法对这样一个比较大的盒形件来讲,表面积误差是很小的,非常接近或可认为基本相等。从计算结果来看,后一种计算方法所获得的坯料展开曲线更光滑,更连续,更符合坯料展开实际形状,故不失为一种可行的方法。

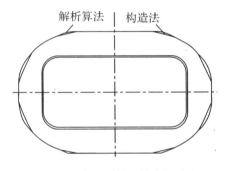

图 5.9   浅盒形件坯料求解对比

5.5   非规则成形件毛坯形状的确定

本节讨论的非规则成形件仅指不同于拉深件也不同于弯曲件的冲压件。图 5.10 所示是某载重车产品的汽车制动阀安装板,材料为 08Al,厚度 $t = 2mm$,尺寸不大,精度一般,类似于一盒形件,但是沿周高度不平齐,一处直边还有一缺口,所以不完全是拉深件,只能算是一般的成形零件,不会存在如拉深件拉裂的问题,但由于产品研发及投放市场周期的影响,对该产品零件的设计与制造周期要求极短,而该产品一般冲压生产工艺流程是落料冲孔工序和成形工序,所以与之相应的落料模和成形模的设计与制造要求在尽可能短的时间内完成。

以往此类零件的生产工艺是先设计与制造成形模,然后毛坯不断在成形模上试错,这个试错时间是比较长的,因为在试错过程中,一般根据经验来不断修正试错的毛坯形状与尺寸,直到试出比较符合真实的初始毛坯。如此会比较延误落料模的设计与制造,因为落料模必须在成形模完成并经试错得到真实的初始

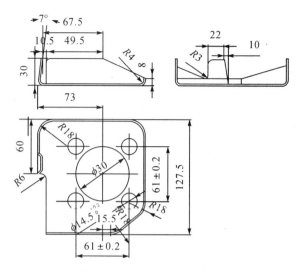

图 5.10　汽车制动阀安装板

毛坯后才能设计与制造。在实际生产中类似的成形件还有很多,如果完全通过试错的方法取得毛坯形状与尺寸,是比较困难的,有些零件特别是一些拉深件,采用试错的方法可能并不准确。因此有必要确定一种比较简单的方法来获得真实的初始毛坯。

5.5.1　毛坯展开方法

　　根据相似原理选取初始毛坯形状与尺寸,取直边而且是零件最大高度,采用弯曲件展开,相当于按零件的水平投影形状沿周放大相同的距离(图 5.11)。为方便起见,将此坯料变成矩形板料。在此矩形板料上画上规律的网格,如矩形网格,并在交线上画小圆,圆内按规律标好或写好相应的数字(图 5.12)。数字编号只是为了容易辨识,其他符号也可以。准备两块这样的板料。其中的一块进行试压,试压后根据成形件的外形找到相对应数字编号,在另一块板料上也找到相对应数字编号,一一连接这些数字编号,此形状与尺寸就是真实的毛坯形状与尺寸(图 5.13)。

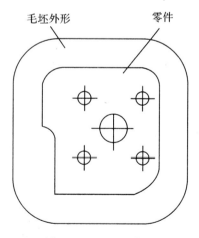

图 5.11　毛坯示意

板料冲压

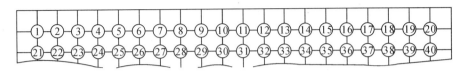

图 5.12　带有数字编号的毛坯

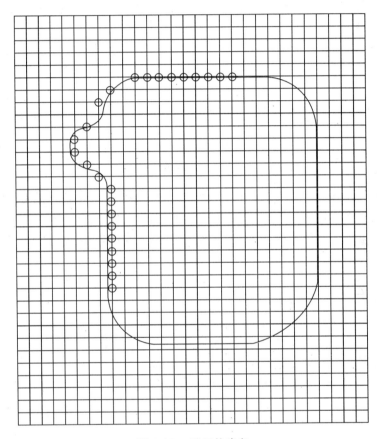

图 5.13　毛坯的确定

5.5.2　准确性分析

　　试压毛坯虽然足够大,但同样可能产生所选择的矩形毛坯过大或过小的情况,因此就有可能产生落在零件外形上的点会随着矩形毛坯大小而改变的情况,如果发生这种情况,则真实的零件的形状与尺寸就会略有不同。但是,一般情况下认为成形力与毛坯大小无关,成形力主要与成形件周长有关,而成形力 $P = lt\sigma_b$,式中,P 为成形力(N);l 为成形件周长(mm);t 为材料厚度(mm);σ_b 为材料

76

的强度极限(MPa)。为了使毛坯标写序号方便,或者有足够的面积,就要求试压时取的毛坯比实际毛坯要大一些,因此在成形过程中易发生材料的堆积而起皱。在这种情况下,成形时就要选择压边圈,压边圈的作用之一是防止成形过程中发生起皱,还有一个作用是经压边圈作用下的成形类似于拉深成形,零件在成形后难以再发生回弹或者回弹会大大的削弱,不但提高了成形件的质量,而且由于采用了压边圈,压边圈的正压力与所接触的板料面积产生的摩擦阻力与成形力构成一对互为相反的平衡力。成形时毛坯最外缘产生的切向压力最大并发生材料堆积,摩擦阻力发生在毛坯最外缘,成形力在凹模入口,在此之间,毛坯面积只要在合理的范围内,根据有限单元法求解,如取有限单元网格为三角形网格,同一节点的位移发生的差值小到可忽略不计。因此,该方法可得到非常精确的毛坯。

图 5.14 是根据网格编号试压求解得到的成形前毛坯,成形后得到完全达到形状和尺寸要求的汽车制动阀安装板(图 5.15)。

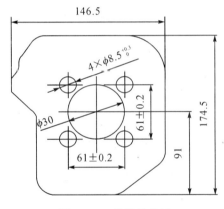

图 5.14　成形前毛坯

图 5.15　压制后汽车制动阀安装板

5.6　讨　论

对于材料比较薄的拉深件或更复杂的冲压件毛坯展开尺寸与形状的求解,如果是高度不等的冲压件,先视作等高,然后按弯曲件直边展开,沿周一周都按此形状放大,就是最大的尺寸了(如不计修边量)。采用网格并编号,准备两件,一件试压,求出高度方向的数据点,另一件画线。试压时,都采用压边圈,初始压边,压边力 $F = Aq$,式中,F 为压边力(N);A 为毛坯与凹模接触面积(mm²);q 为单位面积的压边力(MPa/mm²)。试压后,去除多余的面积,则应采用的压边力应为

$F' = (A - \Delta A)q$，压边力差值 $F - F' = \Delta Aq$，如果 ΔA 比较小，则对毛坯形状影响不大，如果 ΔA 比较大，则可能会有一定的影响，因此，初始毛坯要尽量接近真实形状比较有利。一般情况下，试压两次则基本能确定下来，初始毛坯试压一次，去除多余面积，减小压边力再试一次。毛坯的确定，无论采用什么方法得到，最后还是要通过试压来最终确定毛坯形状和尺寸的，所以试方法目前还是一种比较可靠的方法。

第6章　多加强肋胀形

6.1　引　言

　　强度和刚性是冲压件的主要设计指标,强度不够,则冲压件无法使用,而刚度不足,使用这样的冲压件就会发生振动或者塌陷等。对于汽车覆盖件这样的冲压件,情况尤其明显。刚度不足,可通过检查如手击汽车覆盖件表面的声音就可听到,刚性好的地方与刚性不好的地方的声音不一致,刚性差处,声音低沉发闷。

　　平板零件经过拉深或弯曲等,由于材料的塑性变形不够,刚性和强度还没有达到预期的结构设计要求,或者零件本身要求局部有更高的刚度与强度条件,可采用胀形来进一步提高其强度和刚度。胀形作为一种提高强度和刚度的工艺方法,其模具可用刚模胀形、橡胶模胀形和液压胀形等不同方法来实现。采用平板毛坯的局部胀形可在平板毛坯上压出各种形状或图案。平板毛坯上的胀形有很多类型,如图 6.1 所示为压加强肋、压花、压凸包的冲压件。

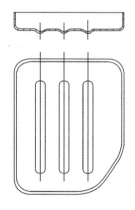

(a)压加强肋

图 6.1　胀形

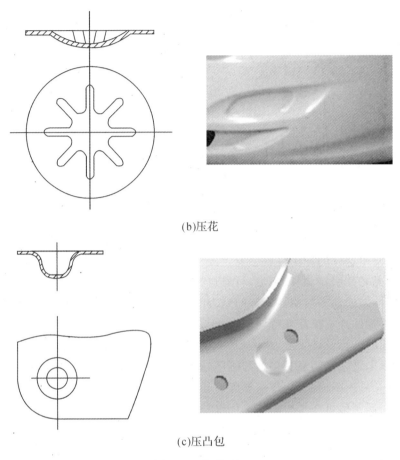

(b)压花

(c)压凸包

图 6.1　胀形(续)

6.2　平板毛坯单条加强肋的胀形条件及极限变形程度

如图 6.2 所示,在凸模力 P 的作用于下,变形区内的板料金属处于径向 σ_1 和切向 σ_3 两向拉应力状态(不计板厚方向 σ_2 的应力)。其应变状态是径向 ε_1 和切向 ε_3 受拉、厚向 ε_2 受压的三向应变状态。其失效形式是拉裂。材料的塑性愈好,硬化指数愈大,则极限变形程度就愈大。

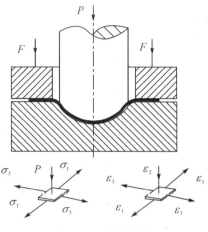

图 6.2　胀形变形

大多数平板毛坯上的胀形形状都是如加强肋那样的凹陷形状,其断面形状一般为半圆弧或小于半圆弧的形状。图 6.3 所示为单加强肋胀形压制时的极限变形程度,加强肋能够一次成形的条件为

$$\varepsilon_P = \frac{l - l_0}{l_0} \leqslant (0.7 \sim 0.75)\delta \qquad (6.1)$$

式中,δ—— 材料单向拉伸的延伸率(%),一般有 $\delta \leqslant 30\%$;

l_0—— 胀形成形前原始材料长度;

l—— 胀形成形后加强肋的曲线轮廓长度;

ε_P—— 许用断面变形程度。

如果不能满足式(6.1),则加强肋就会拉裂,不能达到设计要求。

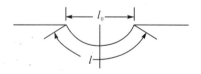

图 6.3　胀形成形前后材料长度

由于材料的延伸率一般是一定值,因此总是希望所设计的加强肋的断面形状满足式(6.1),l_0 定下来时,l 越小越好,满足许用断面变形程度 ε_P 的可能性越大。

从理论上或实用及方便性方面讲,加强肋的断面形状可以设计成多种形,不一定非要要求设计成图 6.3 所示的类似于半圆弧的形状。但是可以做一番比较:假设加强肋的断面形状面积相等,设为 A,加强肋形状开口长度 l_0 一致,为方便计算,不考虑圆角。图 6.4 所示是几种加强肋断面形状。

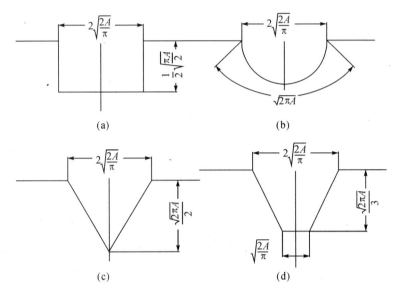

图 6.4　几种加强肋断面形状

由式(6.1)，为方便计算，令 $A = 1$，

对于图 6.4(a) 有 $\varepsilon_{aP} = \dfrac{l - l_0}{l_0} = \dfrac{2\sqrt{\dfrac{2A}{\pi}} + \sqrt{\dfrac{\pi A}{2}} - 2\sqrt{\dfrac{2A}{\pi}}}{2\sqrt{\dfrac{2A}{\pi}}} = 0.785;$

对于图 6.4(b) 有 $\varepsilon_{bP} = \dfrac{l - l_0}{l_0} = \dfrac{\sqrt{2\pi A} - 2\sqrt{\dfrac{2A}{\pi}}}{2\sqrt{\dfrac{2A}{\pi}}} = 0.57;$

对于图 6.4(c) 有 $\varepsilon_{cP} = \dfrac{l - l_0}{l_0} = \dfrac{2\sqrt{\dfrac{2}{\pi} + \dfrac{\pi}{2}} - 2\sqrt{\dfrac{2A}{\pi}}}{2\sqrt{\dfrac{2A}{\pi}}} = 0.86;$

对于图 6.4(d) 有 $\varepsilon_{dP} = \dfrac{l - l_0}{l_0} = \dfrac{2\sqrt{\dfrac{1}{2\pi} + \dfrac{2\pi}{9}} + \sqrt{\dfrac{2A}{\pi}} - 2\sqrt{\dfrac{2A}{\pi}}}{2\sqrt{\dfrac{2A}{\pi}}} = 0.66;$

由计算结果得知：$\varepsilon_{bP} < \varepsilon_{dP} < \varepsilon_{aP} < \varepsilon_{cP}$。

加强肋成形的难易程度是：三角形断面形状成形最不容易；其次是矩形断面

形状成形;断面形状成形容易的是半圆形断面形状成形和梯形断面形状成形,半圆形断面形状成形相对梯形又更容易些。

因此,加强肋大多设计成半圆形断面形状,梯形断面形状成形比较少。而实际上生产中的加强肋断面形状是小于半圆形断面的圆弧。

如果计算结果不能满足式(6.1),如压制断面形状为梯形的加强肋,一般是先压成圆弧,后压成梯形。这样要两道工序才能完成(图6.5),增加工序并提高了生产成本。D、R 及 h 等前面的取值视肋的形状而定,半圆肋取大值,梯形肋取小值。加强肋的形状和尺寸如表6.1所示。

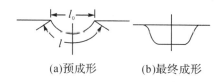

(a)预成形 (b)最终成形

图6.5 两道成形工序的加强肋

表6.1 加强肋的形状和尺寸

名称	简图	R	h	D 或 B	r	α
压肋	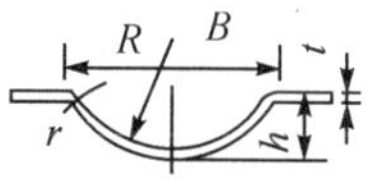	$(3\sim4)t$	$(2\sim3)t$	$(7\sim10)t$	$(1\sim2)t$	—
压凸	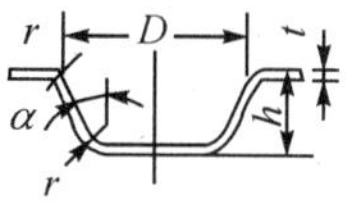	—	$(1.5\sim2)t$	$\geqslant 3h$	$(0.5\sim1.5)t$	$15°\sim30°$

6.3 多条加强肋胀形压制时的可行性补充条件

在冲压件产品生产中,有许多零件的加强肋都不止一条,如为了使汽车覆盖件(图6.6)等有足够的强度与刚度,大多数金属板壳件需设置一条以上的加强肋,而依赖于单加强肋胀形的计算式来分析多加强肋薄板胀形件,是不能准确预测其起皱和拉裂的。

(a)车门

(b)加强肋

(c)加强肋

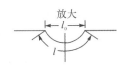

(d)加强肋剖面

图 6.6　汽车覆盖件

多加强肋胀形时,各加强肋之间的材料本身有相互牵制作用,再加上冷作硬化现象,材料的流动比单加强肋胀形要困难得多,所以多加强肋并不像单加强肋那样可分几次完成胀形,而是要求一次性完成胀形成形,多加强肋形状和尺寸设置不当易导致胀形失效。

确定多加强肋胀形极限变形条件时,首先要保证其各单个加强肋能一次成形,即胀形后不发生拉裂,而且,为确保多个加强肋的一次胀形能顺利进行,还应保证各个加强肋之间的材料不发生拉裂,由此可提出多加强肋胀形可行性的补充运算条件。为简化起见,假设多加强肋中每一个加强肋的断面形状和尺寸都相同,如图 6.7 所示,Ⅰ 区为多加强肋中的一个加强肋,Ⅱ 区为两个相邻加强肋之间的区域(将其视作一个反向加强肋)。

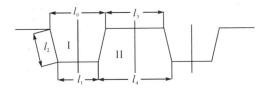

图 6.7　多加强肋的断面尺寸示意

对于加强肋 Ⅰ 区的胀形,可由式(6.1)推导得

$$\varepsilon_{p1} = \frac{l_1 + 2l_2 - l_0}{l_0} < (0.7 \sim 0.75)\delta \qquad (6.2)$$

而对于视作反向加强肋的 Ⅱ 区,同样可由式(6.1)得

$$\varepsilon_{p2} = \frac{l_3 + 2l_2 - l_4}{l_4} < (0.7 \sim 0.75)\delta \qquad (6.3)$$

由图 6.7 可知 $l_4 + l_1 = l_0 + l_3$，$l_4 = l_0 + l_3 - l_1$。

受两侧加强肋的强烈牵制和加工硬化的影响，Ⅱ 区许用变形程度较 Ⅰ 区小，即多加强肋胀形时应满足 $\varepsilon_{p2} < \varepsilon_{p1}$，由式(6.2)和式(6.3)简化可得

$$l_1 < l_3 \quad \text{或} \quad l_0 < l_4 \tag{6.4}$$

在忽略凸模形状、润滑条件等因素外，式(6.3)或式(6.4)便是多加强肋一次胀形可行性的补充判据。而且，多加强肋胀形时，Ⅰ 区与 Ⅱ 区间的金属流动受两区的牵制作用大，故变形程度要求更严格，除必须满足式(6.3)或式(6.4)外，l_1 与 l_3 或 l_0 与 l_4 相差越大，则胀形安全程度越高。为了说明多加强肋胀形可行性补充判据的作用，来判断多加强肋胀形是否拉裂，仍采用在其危险断面即加强肋底部靠近凸模圆角处的厚度减薄率为标准来判断成形质量，厚度减薄率过大，说明容易出现拉裂。

6.3.1 多加强肋胀形件的有限元模拟

1. 多加强肋胀形件的模型

在此构建三种加强肋胀形，加强肋形式为单加强肋、近距分布多加强肋和远距分布多加强肋，分别如图 6.8(a)、图 6.8(b) 和图 6.8(c) 所示。

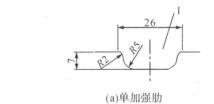

(a)单加强肋

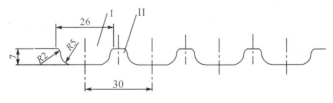

(b)中心距较小的多加强肋

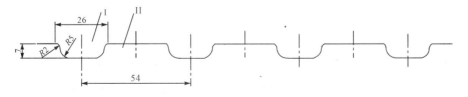

(c)中心距较大的多加强肋

图 6.8 三种加强肋的断面尺寸

由式(6.2)和式(6.3)可得,图 6.8(a)中Ⅰ区的 $\varepsilon_P = 0.307$,满足 $\varepsilon_P < [\varepsilon_P]$;图 6.8(b)Ⅰ区 ε_{P1} 与图 6.8(a)Ⅰ区的 ε_P 相等,图 6.8(b)Ⅱ区 ε_{P2} 为 0.443,不满足 $\varepsilon_{P2} < [\varepsilon_P]$;图 6.8(c)中Ⅰ区 ε_{P1} 与图 6.8(a) ε_P 相等,图 6.8(c)Ⅱ区 ε_{P2} 为 0.19,满足 $\varepsilon_{P2} < [\varepsilon_P]$。另外,还可以得出,图 6.8(b)中加强肋尺寸不满足 $l_0 < l_4$,图 6.8(c)满足 $l_0 < l_4$。

2. 多加强肋胀形件的有限元模型和模拟条件

图 6.9(a)、图 6.9(b)、图 6.9(c)所示分别为三种加强肋胀形件的有限元模型。

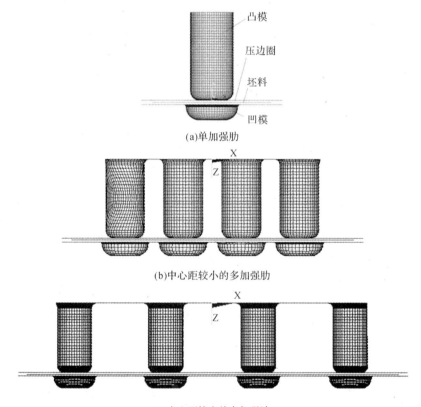

(a)单加强肋

(b)中心距较小的多加强肋

(c)中心距较大的多加强肋

图 6.9　三种加强肋的有限元模型

坯料设为 08Al,厚度为 1mm,材料特性见第二章表 2.1,另外,设工件与模具之间的摩擦系数 $\mu = 0.1$。由于一般胀形板材对胀形速度并不敏感,在实际胀形实验中,凸模的下降速度较低,接近于准静态成形过程,但数值模拟时需要采用虚拟速度或虚拟质量来提高计算效率,为兼顾胀形时准静态过程、模拟效率和模拟精度的要求,凸模的虚拟下降速度取为 2500mm/s。加载的压边力按材料与凹模接触面积与单位压边力的乘积计算。

6.3.2 数值模拟结果分析

坏料 08Al 的许用胀形变形程度 $[\varepsilon_p] = 0.315 \sim 0.3375$,设 $[\varepsilon_p]$ 为 0.32。图 6.8(a) 和 6.8(c) 中断面形状的胀形变形程度满足 $\varepsilon_p < [\varepsilon_p]$,可胀形成功;图 6.8b 中 $\varepsilon_{p2} > [\varepsilon_p]$,中心距较小的多加强肋胀形时很可能拉裂。

图 6.10 所示是三种加强肋胀形后厚度减薄率分布的模拟结果。可见,图 6.8(a) 所示单加强肋和图 6.8(c) 所示中心距较大的多加强肋胀形后危险断面处厚度减薄率在 28% 之内,而图 6.8(b) 所示中心距较小的多加强肋胀形后危险断面处厚度减薄率已接近 30%。对于板料成形,一般认为减薄率在 28% 以内是可行的,否则易出现成形失效。厚度减薄率模拟结果表明图 6.8(a) 和图 6.8(c) 所示制件形状可一次胀形成形,而图 6.8(b) 所示的断面制件胀形后极可能发生拉裂。

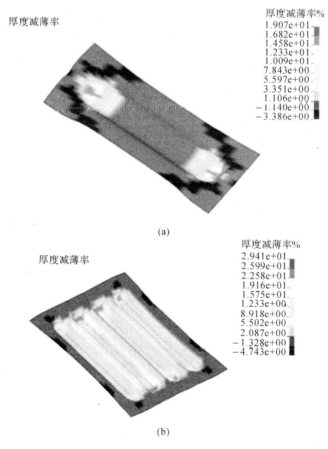

(a)

(b)

图 6.10 三种模型胀形后的厚度减薄率分布

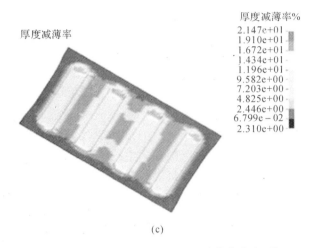

厚度减薄率

厚度减薄率%
2.147e+01
1.910e+01
1.672e+01
1.434e+01
1.196e+01
9.582e+00
7.203e+00
4.825e+00
2.446e+00
6.799e-02
2.310e+00

(c)

图 6.10　三种模型胀形后的厚度减薄率分布(续)

图 6.11 是三种加强肋制件胀形后的 FLD。图 6.11(a) 和 6.11(c) 所示的 FLD 对应于图 6.8(a) 和 6.8(c) 所示的制件形状,可见,它们胀形后所有应变点都落在了安全区内,表明这两种加强肋是可以一次胀形成形的。而图 6.11(b) 所示对应于图 6.8(b) 所示的制件形状,有相当数量的应变点落在了拉裂区,因此胀形后的制件极可能是拉裂的。

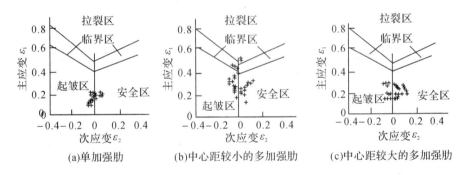

(a)单加强肋　　(b)中心距较小的多加强肋　　(c)中心距较大的多加强肋

图 6.11　三种加强肋胀形后 FLD

分析得出:根据单加强肋胀形极限变形条件推导出多加强肋胀形可行性的补充判据,运用有限元分析软件 ANSYS/LS-DYNA 对三种形式加强肋胀形进行数值模拟,厚度减薄率和 FLD 模拟结果与多加强肋胀形可行性补充判据相吻合,验证了补充判据的可行性与可靠性。证明了多加强肋一次胀形成功的关键在于肋与肋之间的距离必须满足一定的尺寸条件。所以设计多加强肋胀形前,要根据公式简单计算并判断后再进行模具设计。

第 **7** 章　拉深成形及抑制
拉深缺陷的研究

7.1　引　言

拉深是把剪裁或冲裁成一定形状的平板毛坯利用模具变成开口空心工件的冲压方法。图 7.1 所示是几种不同的拉深件。

(a)回转体拉深件　　　　(b)非回转体对称拉深件　　　　(c)不规则拉深件

图 7.1　拉深件

将如图 7.2 所示的圆板拉深成带法兰圆筒形拉深件(图 7.3)。拉深模具如图 7.4 所示。模具由上模板 1、导套 2、导柱 3、凸模固定板 4、凸模 5、压料圈 6、退料螺钉 7、弹簧 8、下模板 9、凹模 10、工件 11、推板 12 组成。拉深时,圆板毛坯放在凹模端面上,压料圈压住圆板毛坯的同时,凸模下行,圆板毛坯被拉进凸模和凹模间的间隙中形成筒壁,而在凹模端面上的毛坯外径逐渐缩小,当板料部分进入凸、凹模间的间隙里时拉深过程结束,圆板毛坯就变成具有一定形状的开口空心件。拉深模与冲裁模的主要区别在于拉深模凸模和凹模的工作部分不是锋利的刃口,而是具有一定弧度的圆角,凸模开设通气孔,凸、凹模间的单边间隙稍大于料厚,得到的工件各部分厚度与毛坯原始厚度比较接近。拉深模具的结构形式与冲裁模具做比较,区别在于凸模与凹模是刃口还是圆角、凸模上有无开气孔,而其他零件从结构和形式上两者相类似,零件的作用或功能也类似。一般此种拉深模用来拉深比较浅的拉深件时,拉深件可能卡在凹模里或凸模上,如果卡在凹模里,一般用撬杆轻轻一撬,零件就可取出,如果卡在凸模上,将厚板、压料圈内径做成与凸模直径间隙配合,则压料圈往下弹出工件。如果是薄板,则要采用下顶出装置下弹出工件。压料圈的作用不仅是拉深开始前的压料,还有一个作用是取料用。假如拉深件比较深或高度比较高,工件卡在凹模里,则模具上还要设计顶杆(图略),并视拉深件底部面积大小均布。采用顶杆的模具一般要安放在有下顶出油缸的液压压力机上。一般还可采用弹性元件弹簧或橡皮作为顶出机构。相对来说,采用顶杆的模具结构紧凑些。同样拉深件有可能卡在凸模上。绝大多数模具都没有考虑这方面的模具结构设计,给取料带来了很大的不便。多数情况下,圆板拉深成筒形件,是切向收缩的变形,拉深件产生与切向收缩反向的回弹,拉深件直径比设计要求的要大一些,但也有可能因模具加工的原因或坯料放置位置不准等,使拉深件产生的回弹不均匀,从而卡在凸模上。

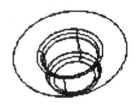

图 7.2　圆平板　　　　　　图 7.3　带法兰圆筒形拉深件

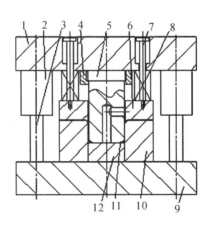

图 7.4　带法兰圆筒形拉深件模具

1.上模板　2.导套　3.导柱　4.凸模固定板　5.凸模　6.压料圈
7.退料螺钉　8.弹簧　9.下模板　10.凹模　11.工件　12.推板

拉深模的结构不复杂,但最难解决的问题是控制或抑制拉深过程中的缺陷,如拉裂和起皱,研发如何提高板料极限成形能力的新工艺和新技术。为了研发提高板料极限成形能力的新工艺和新技术,控制或抑制拉深过程中的拉裂和起皱,就有必要分析拉深成形时应力和应变的状态及变化。

7.2　拉深时的应力和应变状态

　　拉深时,凹模平面上的材料外径要逐步缩小,向凹模口部流动,然后转变成工件侧壁的一部分。由于在凸缘外边,多余材料比里边的多,因而在拉深过程中不同位置的材料其应力与变形是不同的。随着拉深的进展,变形区同一位置材料的应力和应变状态也在变化。

　　在压边圈的作用下,设圆板坯料被拉深至某一时刻,材料处于图7.5所示的情况,现研究其各部分的应力和应变状态。

　　图中:σ_1,σ_2,σ_3 分别表示毛坯的径向拉应力、厚度方向的压应力、毛坯的切向(周向)压应力。

　　ε_1,ε_2,ε_3 分别表示毛坯的径向拉应变、厚度方向的压应变、毛坯的切向(周向)压应变。

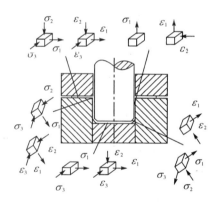

图 7.5　拉深时毛坯的应力和应变状态

1. 平面凸缘(变形区)部分

　　该部分是扇形格子变成矩形的区域,拉深变形主要在该区域内完成。从中取出单元体研究,根据前面分析,在径向受拉应力 σ_1 作用,切向受压应力 σ_3 作用,厚度方向因有压边力而受压应力 σ_2 作用,是立体的应力状态。在三个主应力中,σ_1 和 σ_3 的绝对值比 σ_2 大得多。σ_1 和 σ_3 的值,由于剩余材料在凸缘区外边多,内边少,因而从凸缘外边向内是变化的。σ_1 由零增加到最大,而 σ_3 由最大减小到最小。

　　单元体的应变状态也是立体的,可根据塑性变形体积不变定律或全量塑性应力与塑性应变关系式来确定。

　　在凸缘外边 σ_3 是绝对值最大的主应力,则 ε_3 是绝对值最大的压缩变形。根

91

据塑性变形体积不变定律,ε_1 和 ε_2 则必为拉伸变形。

在凸缘内区靠近凹模圆角处,σ_1 是绝对值最大的主应力,因而 ε_1 是绝对值最大的拉伸变形,ε_2 和 ε_3 则为压缩变形。

这样,ε_2 是拉深变形还是压缩变形,要视单元体所受 σ_1 和 σ_3 之间的比值而定,通常在凸缘外边 ε_2 为拉深变形,内边为压缩变形。板料毛坯拉深及凸缘变形后的厚度变化是外圈最大,然后慢慢变薄。

2. 凹模圆角部分

这是凸缘和筒壁部分的过渡区,材料的变形比较复杂,除有与凸缘部分相同的特点,即径向受拉应力 σ_1 和切向受压应力 σ_3 作用外,还要受凹模圆角的压力和弯曲作用而受压应力 σ_2 作用。变形状态是三向的,ε_1 是绝对值最大的主变形,ε_2 和 ε_3 是压缩变形。

3. 筒壁部分(传力区)

这部分材料已经变成筒形,不再产生大的塑性变形,起着将凸模的压力传递到凸缘变形区上去的作用,是传力区。σ_1 是凸模产生的单向的拉应力,由于凸模阻碍材料在切向自由收缩,σ_3 也是拉应力,只是比较小,可不计。σ_2 为零。变形为平面应变状态。其中 ε_1 为拉深,ε_2 为压缩,ε_3 为 0。

4. 凸模圆角部分

这部分是筒壁和圆筒底部的过渡区,它承受径向拉应力 σ_1 和切向 σ_3 拉应力的作用,厚度方向受到凸模压力和弯曲作用而产生压应力 σ_2。变形为平面状态,ε_1 为拉伸,ε_2 为压缩,ε_3 为 0。

5. 圆筒底部(小变形区)

这部分材料拉深一开始就被拉入凹模内,始终保持平面形状,由它把受到的凸模作用力传给圆筒壁部,形成轴向拉应力。它受两向拉应力 σ_1 和 σ_3 作用,相当于周边受均匀拉力的圆板。变形是三向的,ε_1 和 ε_3 为拉伸,ε_2 为压缩。由于凸模圆角处的摩擦制约底部的拉深,故圆筒底部变形不大,只有 1% ~ 3%,可忽略不计。

7.3　拉深中某时刻凸缘变形区的应力分布

拉深过程中,凸缘变形区材料径向受拉应力 σ_1 作用,切向受压应力 σ_3 作用,厚度方向受压边圈所加的不大的压应力 σ_2 作用。如 σ_2 忽略不计,则只需求 σ_1 和 σ_3 的值,就可知变形区的应力分布。

当毛坯半径为 R_0 的板料拉深到半径为 R_t 时(采用压边圈拉深),根据变形时金属单元体应满足的力的平衡条件和塑性方程,经过一定的数学推导就可以求出径向拉应力 σ_1 和切向压应力 σ_3 的大小。其值为

$$\sigma_1 = 1.1 \bar{\sigma}_m \ln \frac{R_t}{R} \tag{7.1}$$

$$\sigma_3 = 1.1 \bar{\sigma}_m \left(1 - \ln \frac{R_t}{R} \right) \tag{7.2}$$

式中,$\bar{\sigma}_m$——变形区材料的平均抗力;

    R_t——拉深中某时刻凸缘半径;

    R——凸缘区内任意点的半径。

由式(7.1)和式(7.2)可知,凸缘变形区内,σ_1 和 σ_3 的值是按对数曲线规律分布的。如图 7.6 所示,在凸缘变形区内边缘(凹模入口处),即 $R = r$ 处径向拉应力 σ_1 最大,其值为

$$\sigma_{1max} = 1.1 \bar{\sigma}_m \ln \frac{R_t}{r} \tag{7.3}$$

而 σ_3 最小为 $\sigma_3 = 1.1 \bar{\sigma}_m \left(1 - \ln \frac{R_t}{r} \right)$,在凸缘变形区外边缘 $R = R_t$ 处压应力 σ_3 最大,其值为

$$\sigma_{3max} = 1.1 \bar{\sigma}_m \tag{7.4}$$

而拉应力 σ_1 为零。

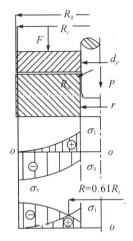

图 7.6 　圆筒形件拉深时凸缘
变形区应力分布

7.4　拉深成形过程中发生拉裂和起皱的原因及防止措施

7.4.1　拉裂的产生及防止措施

拉深成形过程出现的拉裂主要发生在凸模圆角上方(图 7.7),如图 7.8 所示,设板料原始厚度为 t_0,毛坯直径为 D_0,凹模圆角半径为 r_d,凸模圆角半径为 r_p,拉深成形全某一时刻,板料包在凸模圆角半径 r_p 上的和底部的材料厚度基本不变。由成形前后重量不变,体积不变及表面积基本不变的条件,可确定拉裂发生在直径为 d' 的外侧。在 d' 的外侧是拉应力 σ_1 最大处,周向压力 σ_3 最小处。在 σ_1 的作用下,此处材料减薄最多,而 σ_3 的作用是周向材料向单元体堆挤过来,使板料厚度增厚,周向压力 σ_3 最小处就是材料堆挤过来非常有限之处,同时,此处的材料在凸模作用下往凹模模腔里运动时,流经凹模圆角又受到了凹模圆角对材料厚度方向的压应力,使材料进一步减薄,随着凸模继续往凹模模腔里运动,减

薄处变成直壁,直壁处均受到垂直方向的拉应力,减薄处材料经过再减薄就成为容易发生拉裂的危险断面处。图 7.9 所示是危险断面处壁厚。

图 7.7　拉深件拉裂

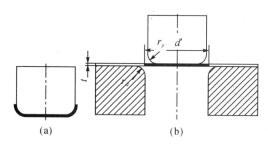

(a)　　　　　　　　(b)

图 7.8　拉裂区域

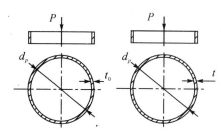

图 7.9　危险断面处壁厚

设拉深力为 P,d_p 为凸模直径;t 为筒壁减薄处或危险断面处厚度,Δt 为筒壁减薄处或危险断面厚度减薄量,且 $t_0 - t = \Delta t$;σ_b 为材料的强度极限。假设由圆板坯料拉深成直壁,板料厚度不变薄,则直壁承载能力为 $\sigma = \dfrac{P}{\dfrac{\pi}{4}\left[(d_p + t_0)^2 - d_p^2\right]}$,只要满

足 $\sigma = \dfrac{P}{\dfrac{\pi}{4}\left[(d_p + t_0)^2 - d_p^2\right]} < \sigma_b$,就不会发生拉裂。筒壁减薄后,危险断面处

$\sigma = \dfrac{P}{\dfrac{\pi}{4}\left[(d_p + t)^2 - d_p^2\right]}$,如果 $\sigma = \dfrac{P}{\dfrac{\pi}{4}\left[(d_p + t)^2 - d^2\right]} > \sigma_b$,就发生了拉裂。

拉深系数 $m\left(m = \dfrac{d}{D}, d\text{——筒形件直径,} D\text{——坯料或拉深前半成品工件}\right.$

直径$\biggr)$对拉裂影响很大,拉深系数越小,变形程度越大,拉深区的宽度越大,即需要转移的剩余材料多,切向压应力 σ_3 越大,堆挤过来的材料越多,要克服堆挤过来的拉深力 P 越大。因此减薄量 Δt 是衡量承载能力的一个重要指标。从板料拉深受力情况分析,影响减薄量的主要是径向拉应力和凹模圆角对板料法向压应力。要减少减薄量 Δt,可从减少拉应力及凹模圆角对板料法向压应力等入手,拉深系数小的多道次筒形件以后各次拉深时,减薄的发生并受非拉应力的影响,而主要是受凹模圆角对板料法向压应力的影响。拉深之所以能够进行下去,就是因为减薄处不断地往上移,图 7.10 表示的是三道次拉深示意。

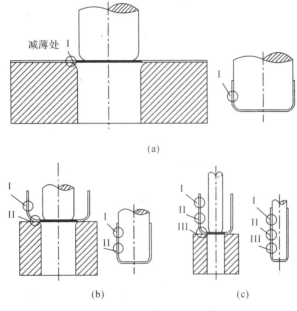

图 7.10　三道次拉深示意

首次拉深是在拉应力和凹模圆角对板料法向压应力共同作用下减薄,以后各次主要是在凹模圆角对板料法向压应力作用下减薄。

7.4.2　浮动凹模主动径向加压的筒形件拉深

如果将整体圆形凹模分成浮动的四瓣,对凹模施加径向载荷,利用凸、凹模夹紧将坯料拉进模腔内,并限制凸模圆角上方危险断面处坯料进一步变薄的工艺方法,称之为浮动凹模主动径向加压的筒形件拉深。

本节中设想一种新的工艺方法,将常规拉深模具(图 7.4)的圆形凹模圆角略下的直壁部分加工分成浮动的四瓣(模具结构如图 7.11 所示),拉深时,凸模将一部分凸缘上增厚的材料拉进凹模模腔到某一时刻,凸模后退一段距离,此时分别对这四瓣凹模施加相同的径向压力 p,使凸、凹模夹紧的凸缘上增厚的坯料随拉深过程一起运动。拉深一段距离后,凸模将后续凸缘上增厚的材料拉进凹模模腔时,凸模再后退回一段距离,四瓣凹模松开并复位到初始设置,再分别对这四瓣凹模施加相同的径向压力,使凸、凹模夹紧凸缘上增厚的材料随拉深过程一起运动,如此往复。该方法特点是:拉深过程中,凸、凹模及坯料相互不能移动,通过凸、凹模夹紧坯料产生的摩擦力来传递拉深力;凸模拉深到某一时刻后退一段距离,是为了凸模底部与坯料脱离,限制首先被拉进凹模模腔中的材料参与进一步的变形和变薄;最大限度地利用后续凸缘增厚的材料来取代减薄的材料,参与进一步变形,使直壁处能够承载更大拉深变形力或推迟拉裂的发生,因此能极大地提高材料的极限拉深能力。

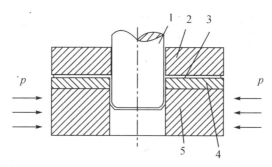

图 7.11　浮动凹模模具结构
1.凸模　2.压边圈　3.坯料　4.凹模　5.浮动凹模

1.有限元模拟及模拟结果

有限元模型构建及材料特性与第2章相同,定义工件与模具之间的摩擦系数 $\mu=0.1$,并设模拟速度 $v=2\text{m/s}$,加载了不发生起皱和拉裂的较小定常压边力 $F=1310\text{N}$。浮动凹模拉深有限元模型中采用凸模一次后退,即凸模拉深至18mm深度位置,然后再后退至14mm深度位置,此时四瓣浮动凹模分别夹紧坯料,力 $p=4000\text{N}$。凸、凹模夹紧坯料一起运动拉深到一定高度:20mm、26mm、30mm时,分别和其他两种拉深条件相比较。拉深高度为20mm时,两种不同有限元模型在拉深后拉深件危险断面处厚度和厚度减薄率的模拟结果见表7.1。图7.12是两种模具的模拟对比。

表 7.1　模拟结果

有限元模型	危险断面处厚度 t/mm	危险断面处厚度减薄率 Δt/%
常规拉深	1.489	25.57
浮动凹模	1.545	22.77

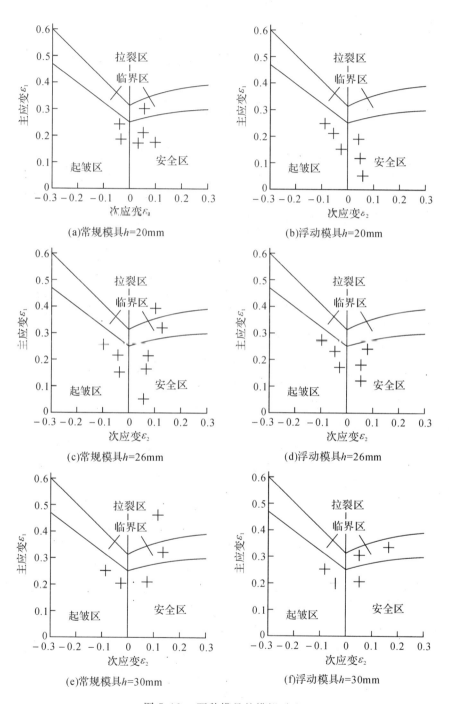

图 7.12　两种模具的模拟对比

2.分析

从表7.1得知,采用浮动凹模夹紧坯料拉深后,拉深件危险断面处具有相对较大的厚度和较小的厚度减薄率。当拉深高度为20mm时,用常规筒形件拉深模拉深时许多特征点应变进入了临界区内[图7.12(a)],拉深时废品率会很高,而浮动凹模夹紧坯料拉深情况下的特征点应变还未进入临界区,都落在安全区内,拉深件合格[图7.12(b)]。当拉深高度为26mm时,用常规筒形件拉深模拉深,则出现严重的拉裂[图7.12(c)],而浮动凹模夹紧坯料拉深情况下的特征点应变都落在安全区内,拉深件合格[图7.12(d)]。当拉深高度为30mm时,此时浮动凹模夹紧坯料拉深情况下才有特征点应变落入临界区内[图7.12(f)]。如果以特征点应变落入临界区内估算,并以常规拉深高度20mm为参照基准,那么,浮动凹模夹紧坯料拉深的极限拉深高度相对于常规拉深可提高约50%。

3.结论

平板毛坯不与压边圈接触的这部分材料,在流经凹模圆角时,被拉成直壁后的厚度不但小于板料初始厚度,也小于后续凸缘上经增厚再被拉进凹模模腔成直壁后的板料厚度。利用四瓣浮动凹模径向加压夹紧凸缘上增厚的材料,能最大限度地利用后续凸缘增厚的材料,来取代减薄的材料参与进一步的变形和变薄,使直壁处能够承载更大的拉深变形力,推迟拉裂的发生。有限元模拟结果表明:相比常规拉深的工艺方法,这种工艺方法能极大提高材料的极限拉深能力,而且该工艺方法采用不断往复夹紧被拉进凹模模腔中增厚的材料,可以使原来需要多道次的筒形件减少拉深道次,因此该方法在拉深模具设计和拉深件生产方面具有广阔的应用前景。但目前,从工艺上或技术上实现还是存在着一些困难。

7.4.3 拉裂产生的主要影响因素

拉裂产生的主要影响因素有:(1)材料的力学性能如屈强比$\frac{\sigma_s}{\sigma_b}$、$n$ 值等;(2)凸模的表面粗糙度与凹模相比还不够粗糙,因为拉深时材料是包在凸模上的,如果凸模光洁,材料就会与凸模产生相对滑移,对拉深不利,但这点从加工上来说,凸模的表面比凹模表面粗糙是比较容易做到的;(3)凹模粗糙度太低,拉深时,增加了阻碍材料流动的摩擦阻力,使得拉深力增大而导致材料的承载能力下降,改善润滑情况,凹模(特别是在凹模圆角入口处)与压边圈的工作表面应十分光滑并采用润滑剂,减小拉深过程中的摩擦阻力,抑制危险断面减薄并发生拉裂的趋势,减小拉深系数。对于凸模工作表面则不必做得很光滑也不需要采用润滑剂,拉深时凸模工作表面与板料之间有较大的摩擦力,不会产生相互移动,有利于阻止危险断面减薄,因而有利于减小拉深系数。为了减小摩擦阻力,可在凹模与板料的接触面加工出 $\varphi3mm \sim \varphi10mm$ 的小盲孔(图 7.13),孔的大小视模具大小而定,拉深时,在孔中加注润滑油,可获得不错的效果。但是,多孔的孔口最好能有光滑倒角,不倒角,孔口毛刺会擦伤毛坯,或毛刺影响毛坯流动,反而会阻碍毛坯流动,影响拉深的正常进行。由于孔径比较小而且又多,加工比较费时,也比较难加工,一般要求孔沿周向和径向都是均布打孔,即所有的孔,都要求均布在径向辐射线上,不能有所偏斜。对此作者做了一些研究。

图 7.13 凹模与板料的接触面上加工出小盲孔

1. 筒形件拉深时的摩擦状态

图 7.14 显示了筒形件拉深时的摩擦状态。

其中,由压边力所引起的摩擦阻力应与其所引起的筒形件壁部附加拉应力总和相等,设压边圈与板料、板料与凹模之间的摩擦因数均为 μ,即可得

$$\sigma_M = \frac{2\mu F}{\pi d_p t} \tag{7.5}$$

式(7.5)中,σ_M 为筒形件壁部附加拉应力;F 为压边力;d_p 为筒形件直径;t 为筒形件厚度;f 为上、下两面的摩擦阻力,$f = 2\mu F$。假设圆形凹模压料面上的拉深孔是沿分度相等的径向辐射线方向并在间距相等的同心圆(同心圆在凹模内孔和凹模外径之

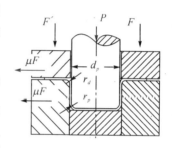

图 7.14 筒形件拉深时的摩擦状态

间)上均布排列的(图 7.15),径向辐射线将各同心圆周分成 n 等份。为了方便分析带拉深孔的凹模压料面上金属的流动情况,在拉深毛坯上也画出间距相等的同心圆和分度相等的辐射线所组成的网格(图 7.16),2 个同心圆和 2 条辐射线构建 1 个微小单元体(即 1 个网格),$a_1^k, a_2^k, \cdots, a_i^k$ 和 $b_1^w, b_2^w, \cdots, b_j^w$ 分别表示板料任意处沿径向拉深时经过盲孔和不经过盲孔的单元体,设 f_i^k 和 f_j^w 分别表示 $a_1^k, a_2^k, \cdots, a_i^k$ 处和 $b_1^w, b_2^w, \cdots, b_j^w$ 处上、下两面的摩擦阻力,总的摩擦阻力 f 为二者之和。由于 f_i^k 一般小于 f_j^w,故凹模压料面上排列拉深孔后总摩擦阻力较未分布拉深孔前减少,从而根据公式(7.5)可知筒形件壁部拉应力 σ_M 减小,拉裂趋势减弱。进一步分析可知,沿同心圆上等分稀疏的径向辐射线方向加工孔径较大的盲孔,且盲孔同时在同心圆上均布时,不经过盲孔的板料面积远大于经过盲孔的面积之和,虽然经过盲孔上的板料摩擦阻力有所减小,使板料拉深时的总摩擦阻力减少,但由于 f_i^k 远小于 f_j^w,沿着这两部分面积的边界极可能产生切向滑移,增加拉裂趋势;而在上述位置加工较小直径盲孔,板料的总摩擦阻力减小很有

限,对拉深极限成形能力的提高也有限。如果在凹模压料面上按矩形阵列的方式排列圆孔或方孔,板料拉深时在径向收缩方向上受到的摩擦阻力在圆周上不是均匀分布的,各单元体同样要受到切向滑移,增加拉裂趋势。因此,在金属按径向流动的筒形件拉深过程中,拉深孔所在的辐射线在同心圆上等分愈密集,同心圆间距愈小,所加工的拉深孔孔径愈小,则 f_i^k 略小于 f_j^w,且 f_i^k 和 f_j^w 的分布类似于圆周上的均布载荷,相邻的单元体不会产生切向滑移,拉深效果会较好。

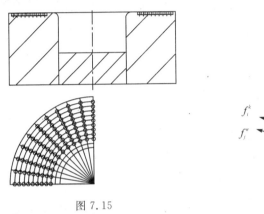

图 7.15

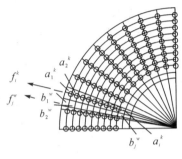

图 7.16

2. 模拟

分下面几种情况模拟:(a) 不打孔;(b) 沿辐射线方向在同心圆上均布排列少量孔径较大的拉深孔($d = 3.8$mm);(c) 沿辐射线方向在同心圆上均布排列少量孔径较小的拉深孔($d = 1.8$mm);(d) 按矩形阵列密集排列拉深圆孔($d = 2.8$mm);(e) 按矩形阵列密集排列拉深方孔(2.8mm×2.8mm);(f) 沿辐射线方向在同心圆上密集均布排列拉深小圆孔($d = 2.8$mm)。

模具结构与板料与第 2 章相同。

3. 结果和分析

图 7.17 是拉深高度为 21mm 时 6 种凹模拉深后的拉深件 FLD;结果表明:在 (f) 型凹模中沿辐射线方向在同心圆上密集均布排列拉深小圆孔($d = 2.8$mm)时,筒形件拉深过程中特征点应变全部未进入临界区,都落在安全区内,拉深件合格;其余 5 种凹模在拉深成形时,许多特征点应变进入了临界区内,拉深时废品率会很高。而在拉深高度为 26mm,只有(f) 型凹模拉深时有一定数量特征点应变进入临界区,其余特征点仍位于安全区,而其余 5 种凹模拉深时都出现严重拉裂(图 7.18)。

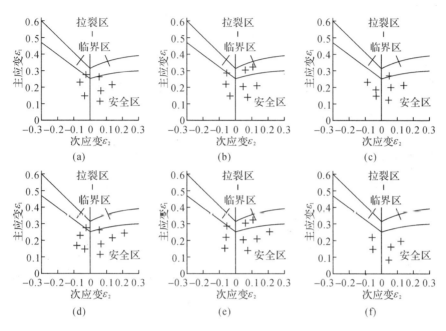

图 7.17　6 种不同凹模在拉深高度为 21mm 时筒形件的 FLD

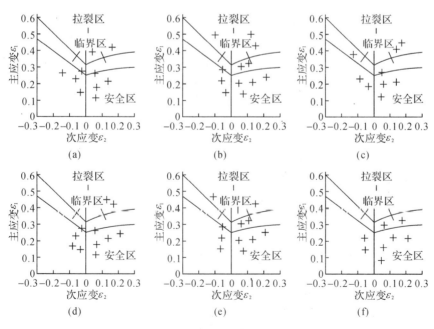

图 7.18　6 种不同凹模在拉深高度为 26mm 时筒形件的 FLD

4.结论

（1）在同心圆上沿等分数稀疏的径向辐射线方向均布拉深孔时，无论拉深孔的孔径较大（$d = 3.8$mm）或较小（$d = 1.8$mm），极限拉深高度与无拉深孔凹模相比，没有提高；（2）按矩形阵列密集排列较小拉深圆孔（$d = 2.8$mm）或拉深方孔（2.8mm×2.8mm）时，难以提高板料的极限拉深高度；（3）拉深孔在筒形件拉深凹模压料面上的理想排列位置是与金属流动方向或板料受到的摩擦阻力方向一致的径向辐射线上，且在同心圆上均布，辐射线等份数愈多，同心圆愈密集，拉深孔径适当，则愈能提高极限拉深高度。也就是说，拉深孔直径也不是越小越好。对于本例模拟结果采用图 7.19 是比较理想的。

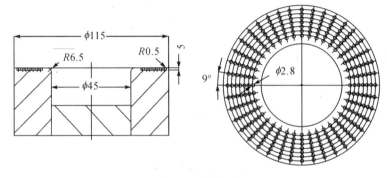

图 7.19 拉深孔

如图 7.19 所示的打孔，虽然能减少拉深过程中的摩擦阻力，但是从加工性方面来说，却是非常差的，打孔后还需孔口倒角，加工工作量很大。为此作者提出了另一种加工方法，拉深效果与图 7.19 所示的打孔类似，但加工性大大地简化。

7.4.4 凹模上打孔的工艺方法

拉深机理：在压边圈和凸模的共同作用下，板料始终是贴着流过凹模圆角，受到的三向应力（两压一拉）状态虽与凸缘变形区上的单元体受力状态相似，但此处单元体受到的径向拉应力要大于切向压应力和轴向压应力，板料在厚度方向是减薄的（ε_2 为负应变）。如果在凹模圆角处均布排列拉深孔，不但减小了板料与凹模圆角的接触面积，单元体受到凹模圆角处轴向压应力也相应减小。用于克服切向压应力和轴向压应力所需的径向拉应力有所减小，因此拉应变也随之减小，同样由体积不变条件可知，轴向应变也随之减小，抑制了板料厚度变薄。与凹模圆角处没有孔的拉深情况相比，凹模圆角处加工孔后拉深的筒形件危险断面处的厚度减薄率要小。凹模圆角处打孔，孔口也要倒角，但加工工作量却要小很多，拉深时在孔中填塞固体润滑剂则效果更好。图 7.20 所示是 3 种不同凹模，图

7.21 所示是 3 种不同凹模在拉深高度为 21mm 时筒形件的 FLD,图 7.22 所示是 3 种不同凹模在拉深高度为 26mm 时筒形件的 FLD,得出:凹模平面打孔和凹模圆角上打孔的拉深效果相似。所以,如果要采用凹模平面打孔方式来提高材料的极限拉深能力,还是采用凹模圆角上打孔的方式比较好,且加工方便。

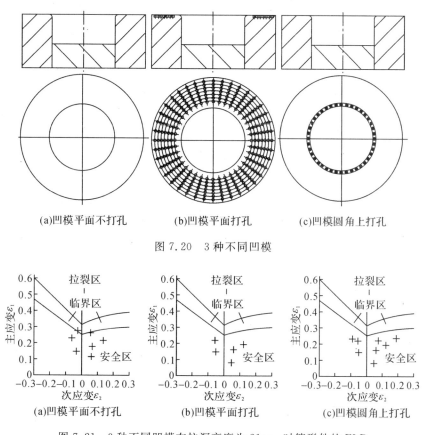

(a)凹模平面不打孔　　　(b)凹模平面打孔　　　(c)凹模圆角上打孔

图 7.20　3 种不同凹模

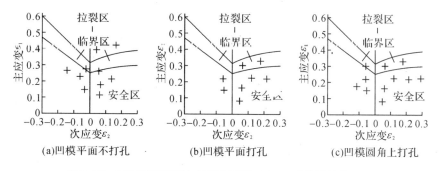

(a)凹模平面不打孔　　　(b)凹模平面打孔　　　(c)凹模圆角上打孔

图 7.21　3 种不同凹模在拉深高度为 21mm 时筒形件的 FLD

(a)凹模平面不打孔　　　(b)凹模平面打孔　　　(c)凹模圆角上打孔

图 7.22　3 种不同凹模在拉深高度为 26mm 时筒形件的 FLD

7.4.5 起皱的产生及防止措施

起皱大多发生在法兰边上(图7.23)。

图 7.23 起皱

拉深时,凸缘变形区内的材料要受 σ_3 切向压应力作用。在 σ_3 作用下的凸缘部分,尤其是凸缘外边部分的材料可能会失稳而沿切向堆挤,形成高低不平的皱折、拱起或堆积,这种现象叫作起皱。拱起在凸缘外边最明显,沿径向变小。起皱不但发生在凸缘上,直壁也有可能发生起皱,尤其是盒形件拉深时,直壁就会发生起皱,当模具中的凸模与凹模间隙比较大,压边力较小时,盒形件直壁和筒形件直壁起皱都是明显的(图7.24)。设垂直方向为 y 方向,由胡克定律得知,垂直方向仅受到拉应力 σ_1 作用,即垂直方向上产生了拉应变 $\dfrac{\sigma_1}{E}$,同时在垂直于 y 方向上产生了 $-\mu\dfrac{\sigma_1}{E}$ 应变。其中,μ 为泊松比;E 为材料的弹性模量。应变会以皱纹的形式在工件的侧壁上保留

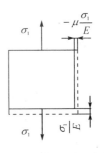

图 7.24 直壁平面应力和应变之间的关系

下来,影响零件的表面质量。拉深系数 m,不但对拉裂影响较大,对起皱影响也较大,一方面,拉深系数越小,变形程度越大,即需要转移的剩余材料越多,切向压应力 σ_3 越大;另一方面,拉深系数越小,拉深区的宽度越大,抗失稳起皱的能力越小。拉深系数较大时,拉深区的宽度越小,需要转移的剩余材料越少,切向压力 σ_3 相应越小,抗失稳起皱的能力越强,不易起皱。拉深薄的材料时更容易发生起皱,相对厚度 $\dfrac{t}{D}$ 大的凸缘抵抗失稳起皱的能力高,不易起皱;相对厚度小,材料抗纵向弯曲能力小,就容易起皱。起皱现象对拉深的进行是很不利的。坯料起皱后很难通过凸、凹模间隙并被拉入凹模,容易使毛坯承受过大的拉力而断裂报

废,为了不致于拉破,必须降低拉深变形程度,这样就要增加工序道数。

必须采取措施防止起皱发生。最简单的方法是采用压边圈。加压边圈后,材料被迫在压边圈和凹模平面间的间隙中流动,稳定性得到增加,起皱也就不容易发生了。一般的拉深模设计中,压边圈不能不采用。不能因为模具成本略有增加就节省去压边圈,这种方法是不可取的。

7.5　改进的拉深工艺

拉深过程中影响拉裂和起皱的因素很多,而且各因素也不是单一影响,某一因素改变了,就会影响到另一因素,或者产生多种因素,压边力过大,过大地增加了阻碍材料流动的摩擦阻力,或者压边力过小,凸缘起皱,使板料增厚或拱起,大于凸模和凹模之间的间隙,难以通过凸模和凹模之间的间隙。其他如模具结构设计中凹模圆角过小,增大了凹模圆角对板料的法向压力,使板料减薄过大。拉深过程中一旦出现拉裂,一般情况下会增大凹模圆角半径,适当减小压边力,如还不能够解决,则磨削凹模平面,适当增大凸模和凹模之间的间隙,否则就要考虑更换 $\frac{\sigma_s}{\sigma_b}$ 更小的材料或修改冲压件结构。如果拉裂和起皱同时发生,则修改模具略为困难一些,几个因素都要考虑进去,如增大凹模圆角的同时,也要增大压边力,等等。

7.5.1　可控压边力拉深

在第 4 章中讨论了的压边力的实际需求。本节通过筒形件和盒形件拉深模拟,加载不同的压边力并与实验对比,说明可控压边或变压边力对提高板料拉深成形性能的影响。

实验分为两组:一组是筒形件加载不同的压边力;另一组是盒形件拉深分块压边,每一块都加载各自所需要的变化的压边力。

1. 筒形件可控压边力实验

(1)实验结果

实验装置如图 7.25 所示。模具尺寸参数与第二章相同,采用倒装模具结构(图 7.26)。

材料为 08Al,板厚 $t = 2$mm,毛坯直径为 115mm。

图 7.25　实验装置

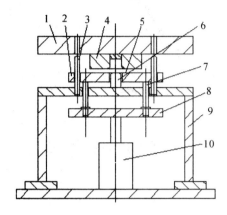

图 7.26　实验模具

1.上模板　2.压料圈　3.导柱　4.凹模　5.工件

6.凸模　7.顶杆　8.推板　9.支架　10.顶出缸

滑块压制速度为 2mm/s,液体调压范围为 5 ~ 30MPa,考虑到压边力变化过大时会使实时加载的压边力曲线不稳定等因素,实际实验时用了渐增、定常、渐减 3 种主要类型的压边力曲线。实验压边力曲线用符号 BHF 表示,采用计算机控制,在交互式界面输入压边力数值即可。压边力曲线参数和对应的实验结果如表 7.2 所示。

表 7.2　筒形件实验结果

压边力－时间曲线	压边力数值范围 /N	压边力曲线类型	压边力曲线符号	起皱和拉裂情况（拉深高度 $h = 13.5mm$）	起皱和拉裂情况（拉深高度 $h = 13.5mm$）
压边力 $F(\times 10^3 N)$ 6 5 4 3 2 1 0 1 2 3 4 5 6 7 8 冲压时间t/(s) ○—BHF1 ——BHF2 ●—BHF3	4000 ~ 5500	渐增	BHF1	拉深件上有细小裂纹,如图 7.27(a) 所示	危险断面处拉裂开口较大,如图 7.27(b) 所示
		定常	BHF2	没有起皱和拉裂	拉裂
		渐减	BHF3	没有起皱和拉裂	拉裂

续表

压边力－时间曲线	压边力数值 范围 /N	压边力 曲线 类型	压边力 曲线 符号	起皱和拉裂情况 （拉深高度 $h = 13.5mm$	起皱和拉裂情况 （拉深高度 $h = 13.5mm$
BHF4 BHF5 BHF6	1060 ~ 1600	渐增	BHF4	没有起皱和拉裂	拉裂
		定常	BHF5	没有起皱和拉裂	拉裂
		渐减	BHF6	没有起皱和拉裂	危险断面处拉裂开口较小，如图 7.27(c) 所示
BHF7 BHF8 BHF9	1060 ~ 5500	渐增	BHF7	没有起皱和拉裂	拉裂
		定常	BHF8	没有起皱和拉裂	拉裂
		渐减	BHF9	没有起皱和拉裂	拉裂

(a)拉深件上有细小裂纹　(b)危险断面处拉裂开口较大　(c)危险断面处拉裂开口较小

图 7.27　拉深实验后筒形件

（2）筒形件变压边力曲线模拟

为了使压边力曲线与实验压边力有所区别，模拟压边力曲线采用 MBHF 表示，与实验压边力曲线相比，增加了先升后降和先降后升类型，如图 7.28 所示。模拟分三个不同的压边范围，分别是取了比较大的压边力区间[图 7.28(a)]；取了比较小的压边力区间[图 7.28(b)]；包含大小区间的压边力范围[图 7.28(c)]。三组各有 5 种类型压边力变化：先升后降、渐增、定常、定减、先降后升。结果显示：

在压边力落在或取了低值区间时,加载先降后升、渐增、定常、定减、先升后降型压边力,危险断面处厚度结果显示差别不大;但是在压边力取了高值区间和压边力在大范围内取值时,危险断面处厚度减薄率是有差异的。无论压边力取值在高区间或低区间或是大范围取值,先升后降和渐减压边力变化类型在危险断面处最大的厚度,都是相对最理想的(图7.29)。先降后升的变化类型是相对最差的,渐增压边力其次。实验压边力曲线类型只有渐增、定常、渐减,结果同样显示,渐增压边力拉深件拉裂最严重。因此在筒形件拉深时,如果采用变压边力控制拉深,可考虑采用渐减压边力拉深,即采用与弹性元件相反的加载方式,拉深后期,拉裂趋势加重,压边力也要随之减少。而渐增压边力刚好相反,随着变形抗力增加,拉裂趋势加重,弹性元件加载的压边力越来越大,所以对拉深是不利的。

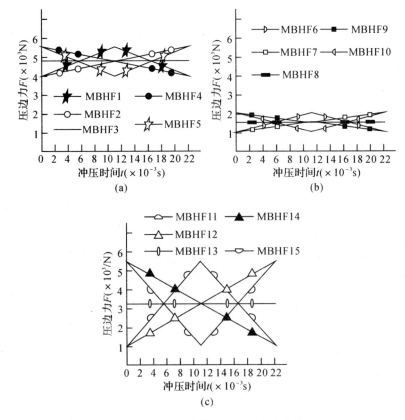

图7.28　筒形件模拟的变压边力曲线

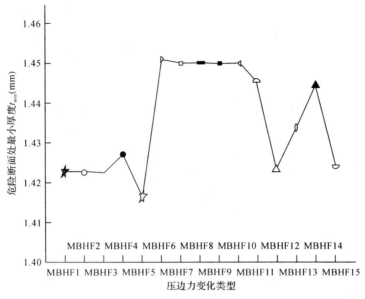

图 7.29 压边力变化类型与危险断面处厚度减薄率关系

（3）压边力曲线对提高筒形件的成形能力的探讨

由于得出先升后降与先降后升分别是筒形件拉深最优和最差的压边力曲线这一结果。作者对可控压边力是否能提高板料的成形极限性能进行了探讨,定常压边力拉深深度在 $h = 21\text{mm}$ 时进入临界状态的情况下,是否用相对最优的先升后降压边力曲线能得到不一样的结果,如定常压边力拉深深度在 $h = 21\text{mm}$ 进入临界状态,而先升后降仍为安全的?设拉深时所有参数都一样,仅仅是压边力曲线不同,则无论是定常还是先升后降或先降后升,结果都是相同的,从 $h = 21\text{mm}$ 的临界状态到 $h = 22\text{mm}$,还是发生了拉裂(图 7.30)。

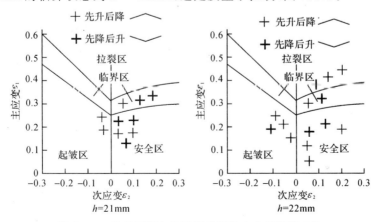

图 7.30 先升后降与先降后升压边力曲线模拟对比

这说明压边力变化曲线类型对提高筒形件的极限拉深深度没有影响,或者采用可控压边力拉深对提高极限拉深高度作用不大,但从危险断面处厚度减薄来看,对提高产品品质是有利的。换言之,对提高筒形件产品的强度和刚度还是有些影响的。

2. 可控压边力的盒形件压制

(1) 实验结果

实验装置如图 7.31 所示,压边圈采用分块形式,板坯厚度为 2mm,材料为 08AL,材料性能参数见第二章表 2.1,盒形件外形尺寸为长 × 宽 = 240mm × 140mm,底部圆角半径 r_P = 8mm,短直边与长直边连接处圆角半径 R = 20mm,盒形件拉深成形过程类似筒形件,包括凸模、凹模、压边圈及板坯,具体尺寸如下:凸模圆角半径 R_1 = 8mm,凹模圆角半径 R_2 = 8.5mm,凸模截面尺寸为 237.8mm × 137.8mm,凹模截面尺寸为 240mm × 140mm。毛坯形状如图 7.32 所示。

实验模具采用与筒形件顶出结构类似的下顶出机构,压边圈分块,保证直边与圆周角部分可有不同的压边力。压边圈结构形式如图 7.33 所示。压边力采用计算机界面上交互式输入(图 7.34)。

图 7.31　实验装置

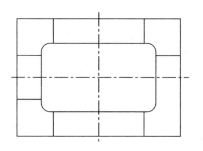

图 7.32　盒形件毛坯　　　　图 7.33　分块压边圈

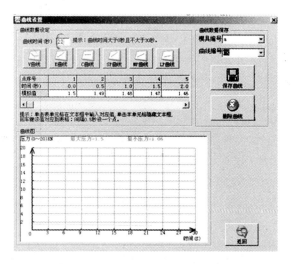

图 7.34　计算机交互式界面

根据筒形件可控压边力得出的结果,盒形件各分块压边都加载定常压边力,且压边力大小相同,类似于刚性整体压边。还有一种加载形式是:盒形件加载到各分块压边圈上的压力力数值大小不同,但都为定常压边力。结果是:分块上加载大小相同压边力的,发生起皱现象,如图 7.35 所示。图 7.36 所示为油底壳零件整体刚性压边结果。

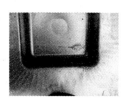

(a)压边力太小　　　　　(b)压边力太大

图 7.35　盒形件圆角起皱　　　图 7.36　油底壳零件整体刚性压边结果

采用分块压边的拉深情况如图 7.37 所示,分块压边能够根据压边力大小的实际需要调整,所以对起皱和拉裂现象有了一定的抑制。

图 7.37　分块压边后盒形件

（2）盒形件分块压边力模拟

图 7.38 所示是盒形件分块压边力模拟模型，图 7.39 所示是盒形件的应力分布模拟结果显示，压边力可控并采用分块压边力对盒形件是非常有利的。可控压边力对盒形件拉深而言可代替刚性整体压边，分块压边可取代加强肋。

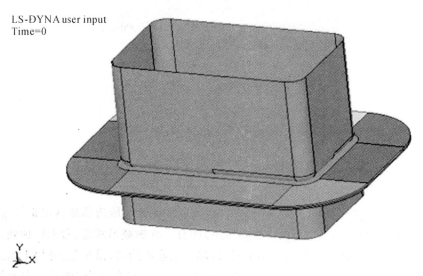

LS-DYNA user input
Time=0

图 7.38　盒形件分块压边力模拟模型

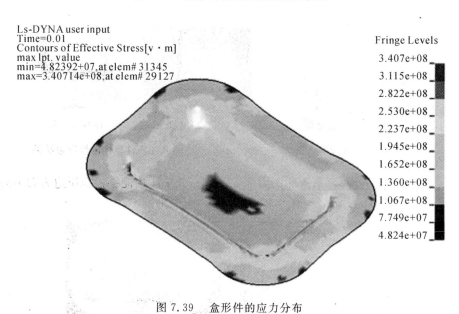

Ls-DYNA user input
Time=0.01
Contours of Effective Stress[v · m]
max lpt. value
min=4.82392+07,at elem# 31345
max=3.40714e+08,at elem# 29127

Fringe Levels

3.407e+08
3.115e+08
2.822e+08
2.530e+08
2.237e+08
1.945e+08
1.652e+08
1.360e+08
1.067e+08
7.749e+07
4.824e+07

图 7.39　盒形件的应力分布

7.5.2   可控压边力拉深的特点分析

可控压边力控制拉深过程,对于筒形件一类的回转体拉深效果并不太大,但对如盒形拉深件还是具有不错的拉深效果。由于分块压边,各处可加载不同的压边力,而且压边力可随时间或位置调节。而一般的压力机上的压边力除了四个角点可调节压边力外,整体刚性一般只有依赖于加强肋调整进料阻力,分块压边就不存在这样的问题。

但分块压边控制成本比较高,以 100 吨的液压压力机来说,如果改装成分块压边压力机,大约是原成本的十倍以上,所以成本比较高昂,还难以在生产企业中推广开来。除了成本因素外,还有一个问题也是使用该压力机的障碍之一。盒形件拉深压边,使用四个角点为同一形式的分块压边,两长直边与两短直边,至少应有 8 个顶出液压缸,如果盒形件尺寸较大,同一分块处可能还需要更多液压缸,才能使之受力均衡。可控压边或称之为变压边力压力机,一般的结构总是将顶出液压缸安装在工作台下面,而在工作台上开孔,顶出杆伸出工作台上的孔,顶压料圈来起到压边作用(图 7.40),压力机的结构形式如图 7.41 所示。

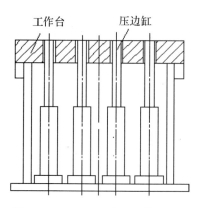

图 7.40　液压缸安装在工作台下面

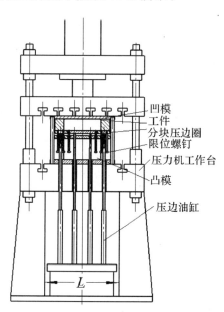

图 7.41　下顶出液压缸液压压力机

如果盒形件尺寸一定时,则液压缸布置在工作台下的空间位置也是一定的,就是说,变压边力压力机是随着产品布置液压缸的,一旦生产或压制该产品或盒形件更换成另一种形式,则可能要布置另一种形式的液压缸。所以下顶出机构的这种变压边力控制给压力机的通用性带来了很大的不便。

冲压生产大都是采用通用的压力机的,如果一种压力机只能生产一种产品,则使用价值就不高。况且冲压件还要考虑其效率和生产成本。因此,就要考虑在模具上采用压边装置,如果同样采用液压缸,就会方便得多,况且,顶出液压缸本身是通用的,可给不同的模具作压边使用。模具采用别的结构来完成分块压边并采用弹性元件也是完全做得到的。对于变压边力压力机,如果顶出液压缸安装在工作台下面,相当于工作台是悬空结构,过大的压力可能会使工作台产生过大的挠度,从而影响压力机的使用寿命(图 7.42)。如果要使用液压缸安装在工作台下面的这种形式,则要进行刚度验算。工作台与支撑面可简化成简支梁,设冲压力合力为 P,与压力机中心对齐,工作台跨度为 l,最大弯矩 $M = \dfrac{Pl}{4}$,工作台高度尺寸为 h,工作台前后尺寸为 b,则强度要满足:

$$\frac{M}{W} \leqslant [\sigma] \tag{7.6}$$

式中,W 为抗弯截面系数,$W = \dfrac{bh^2}{6}$,$[\sigma]$ 为许用弯曲应力。

刚度要满足
$$\frac{Pl^3}{48EI} \leqslant [y] \tag{7.7}$$

式中,EI 为抗弯刚度,$[y]$ 为许用挠度。

因此,将下顶出压边液压缸安装在工作台下面的空间位置,并不是一个好的设计结构。作者对盒形件试压时,是将压边液压缸安装在工作台上面的。极大地方便了使用(图 7.43)。

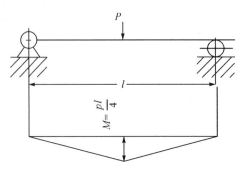

图 7.42　工作台简化结构

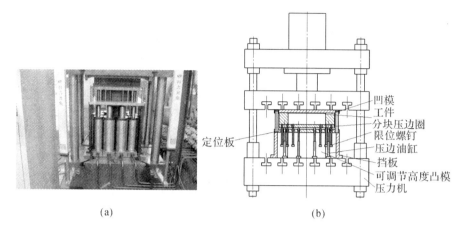

凹模
工件
分块压边圈
限位螺钉
压边油缸
挡板
可调节高度凸模
压力机

定位板

(a)　　　　　　　　　　(b)

图 7.43　压边液压缸安装在工作台上面

虽然可控压边力控制可代替加强肋并取代整体刚性压边,对盒形件压边可防止起皱。但毕竟解决这一拉深缺陷还是成本过高。起皱主要的原因是材料的切向堆积而发生的拱起(图 7.44 和图 7.45),因此,在拉深前就在板坯上打孔,采用这种工艺来减少切向材料的堆挤,同样可起到防止起皱的日的。

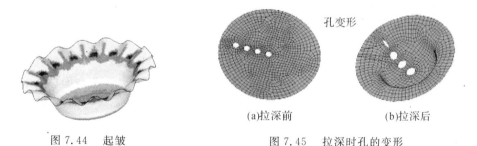

孔变形

(a)拉深前　　　　　(b)拉深后

图 7.44　起皱　　　　　　　　图 7.45　拉深时孔的变形

7.5.3　带工艺孔的板坯拉深工艺

1. 成形机理分析

相当数量拉深件的板坯外缘是作为工艺辅助边用的,或者其展川形状外缘再增加一定宽度的工艺辅助边,工艺辅助边参与拉深变形并在拉深完成后切除(图 7.46)。压边力太小或太大,易发生工艺辅助边起皱或拉深件壁部拉裂;压边力合适,工艺辅助边增厚。

115

图 7.46 拉深件及工艺辅助边

由图 7.5 可知:σ_1、σ_2 及 σ_3 分别为径向拉应力、厚度方向压应力及周向压应力,ε_1、ε_2 及 ε_3 分别为径向应变、厚度方向应变及周向应变,拉深进行时,凸缘变形区外缘上的单元体 S_1(图 7.47)受到径向拉应力 σ_1 作用时,其周向的材料是指向此单元体的,单元体受到的周向压应力 σ_3 的同时,也受到了由压边圈等产生厚度方度方向的压应力 σ_2,但单元体受到的周向压应力远大于径向拉应力及厚度方向压应力,三者关系是:$|\sigma_3| > |\sigma_1| > |\sigma_2|$,由体积不变条件,$\varepsilon_1 + \varepsilon_2 + \varepsilon_3 = 0$,所以单元体在厚度方向是增厚的($\varepsilon_2$ 为正应变),并使凸缘变形区外缘厚度方向发生堆积并起皱。拉深过程就是将板坯凸缘部分材料逐渐转移到壁部的过程,在转移的过程中,单元体 S_1 上由凸模产生的径向拉应力 σ_1 要克服作用在其上的周向压应力 σ_3 和由于压边力(轴向压应力 σ_2)所产生的板坯与压边圈、板坯与凹模上平面之间产生的摩擦阻力 τ(上、下面均有),而成为拉深件壁部单元体 S_2。拉深孔由于可储存润滑油,减弱了摩擦阻力 τ,而使拉应力有所减小,提高了抗拉裂能力。然而,凸缘变形区最外缘上的单元体受到的周向压应力 σ_3 最大,厚度堆积最厚,刚性压边圈压住的是板坯最外端(图 7.48),板坯内缘几乎不受摩擦阻力影响,所以,采用凹模与板坯接触面上打孔的方法对提高板坯成形极限能力的效果是有限的。

如果在板坯外缘部分(或工艺辅助边内)沿周边打上距离非常近或均布的工艺孔(图 7.49),并设孔与孔之间的就是一个单元体,那么该单元体在拉深时由于两侧都是工艺孔,不会产生向此单元体堆积过来的由材料所产生的周向压应力,增厚现象削弱或消除,只需要克服摩擦阻力,而摩擦阻力比周向压应力要小得多,因而使所需要的拉应力下降,抑制了板坯成形中的拉裂,提高了拉深件壁部的承载能力。

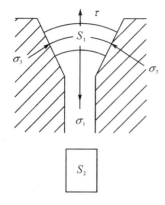

图 7.47　凸缘上小单元体

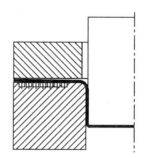

图 7.48　板坯最外端堆积

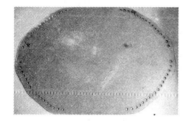

图 7.49　带工艺孔板坯

2.有限元模拟及结果分析

（1）有限元模型

盒形件拉深成形过程如图 7.50 所示，包括凸模、凹模、压边圈及板坯，具体尺寸如下：凸模圆角半径 $r_p = 6mm$、凹模圆角半径 $r_d = 6.5mm$、凸模截面尺寸为 $137.8mm \times 237.8mm$、凹模截面尺寸为 $140mm \times 240mm$，盒形件角部圆角半径 $r = 19.6mm$。图 7.51 是有限元模型，其中：① 图 7.51(a) 中的板坯是打工艺孔的，工艺孔要求相邻两孔边缘、孔边缘与板坯边缘距离合适，保证工艺孔在拉深时不至于被拉裂，取工艺孔直径 6mm，两孔中心距 14mm，孔中心与板坯边缘距离 13mm；② 图 7.51(b) 是在凹模上打工艺孔，工艺孔打在板坯拉深阻力较大如圆角处，且打的孔足够致密，取孔直径 3mm，两孔中心距在周向与径向均为 6mm；③ 图 7.51(c) 是不打孔板坯的拉深；④ 图 7.51(d) 是多点分块压边，压边圈分成圆角处、短直边及长直边共 8 个。采用 ANSYS 分析软件的 ANSYS/LS-DYNA 模块建模和求解，并在 LS-PREPOST 下完成处理分析。有限元模型选用 SHELL163 和 BWC(Belytschko-Wong-Chiang) 算法单元及面面接触(Surface to Surf丨Forming) 类型，并对凸、凹模圆角处网格细化并进行网格检查。坯料为 08Al，厚度 $t = 1mm$，材料特征和其等效应力应变曲线与第二章筒形件拉深模拟相同。

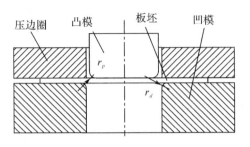

图 7.50　盒形件拉深

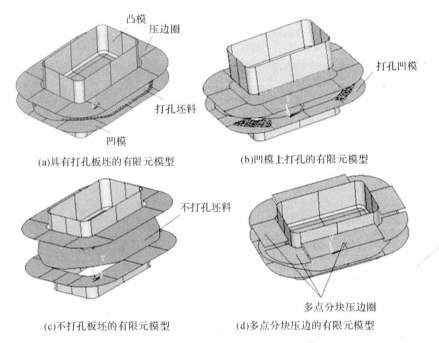

(a)具有打孔板坯的有限元模型　　　　(b)凹模上打孔的有限元模型

(c)不打孔板坯的有限元模型　　　　(d)多点分块压边的有限元模型

图 7.51　有限元模型

（2）结果分析

表7.3所示为模拟结果。压边力为80kN,拉深至14mm,比较打孔板坯、凹模上打孔及不打孔板坯的拉深情况;打孔板坯拉深后制件危险断面处厚度最大而厚度减薄率最小,应变点都在安全区内[图7.52(e)],凹模上打孔及不打孔板坯两种工艺,都有应变点落入临界区内[图7.52(f)和图7.52(g)],出现废品率极高。压边力为25kN,凹模上打孔及不打孔板坯拉深发生起皱,而打孔板坯拉深情况优于多点分块压边拉深[图7.52(e1)和图7.52(h)],是所有拉深工况中质量最好的。

表 7.3   模拟结果

有限元模型	压边形式	压边力/kN	拉深高度/mm	危险断面处厚度/mm	危险断面处厚度减薄率/mm	成形质量
a	刚性压边	80	14	0.8074	19.26	无拉裂、起皱[图7.52(e)]
		25		0.8529	14.73	无拉裂、起皱[图7.52(e1)]
b	刚性压边	80	14	0.7718	22.83	有应变点进入临界区[图7.52(f)]
		25				起皱
c	刚性压边	80	14	0.7666	23.34	有应变点进入临界区[图7.52(g)]
		25				起皱
d	刚性压边	20(长直边)	14	0.8484	15.10	无拉裂、起皱[图7.52(h)]
		10(短直边)				
		5(圆角)				

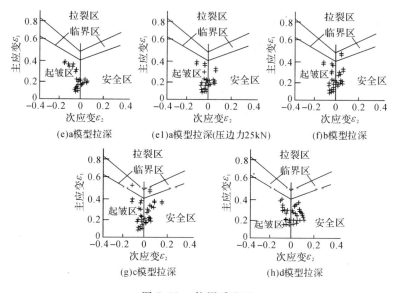

(e)a模型拉深   (e1)a模型拉深(压边力25kN)   (f)b模型拉深

(g)c模型拉深   (h)d模型拉深

图 7.52   拉深后 FLD

（3）实验

图 7.53 所示是盒形件在初始毛坯上打孔、不打孔及不打孔分块压边对比，打孔与分块压边拉深效果相差不多，刚性整体拉深效果不佳。图 7.54 所示是筒形件不打孔与打孔对比。

(a)刚性整体   (b)打孔

(c)分块压边

图 7.53　盒形件

(a)刚性整体

(b)打孔

图 7.54　筒形件

图 7.55 所示是实际生产拉深油底壳的结果,板坯不打孔拉深,加载的压边力为 86kN,拉深高度约为 53mm,拉深件起皱[图 7.55(a)],而将压边力提高到 103kN 时,才能将起皱消除,然而发生了拉裂现象[图 7.55(b)];采用打孔板坯拉深时,取较小的压边力 67kN 时,没有发生起皱和拉裂[图 7.55(c) 和图 7.55(d)],但是拉深件打孔处法兰有轻微翻卷,主要原因是实验时是用台钻钻孔,在板坯上留下了大小不一的毛刺,造成拉深过程中刚性压边圈不能稳定地压边。实际大批量冲压生产中可用落料和冲小工艺孔复合工序的方法,冲孔后的毛刺十分微小,对拉深的影响甚微或者没有影响,而且落料和冲小孔的复合模具设计与制造并不困难。

(a)起皱 (b)拉裂 (c)起皱消除 (d)起皱消除

图 7.55 油底壳拉深结果

3. 结论

板坯外缘打工艺孔的拉深方法能极大地提高板料的成形性能,与凹模上打孔及板坯上不打孔的工艺方法相比,在提高极限拉深高度、增大危险断面处厚度、减小危险断面处厚度减薄率和降低压边力及拉深力方面更具优势;由于打孔后减小了的材料的切向堆积所引起的切向压应力,使得用于克服切向压应力的径向拉应力有所减小,所以危险断面处承载能力有所提高,换言之,打孔后,抑制了起皱,就不需要过大的压边力了,而压边力产生了阻碍材料向模腔流动的阻力,压边力减小后,危险断面处承载能力有所提高,即压边力取值比较小的情况下,拉深效果与可控压边力相比,危险断面处厚度稍大一些。这说明采用打孔坯料的工艺方法一点也不比可控压边力控制效果差,且其成本也大大地降低了,这种工艺方法不需要改变模具设计参数或现有的压力机结构,充分利用了工艺辅助边拉深中参与变形及拉深后裁剪去除的条件,因而不会影响冲压件形状和尺寸精度。

虽然打孔毛坯有诸多优点,但毕竟还要增加一道冲孔或钻孔的工序,而且冲小孔的凸模也容易拆断,而钻孔加工后则需要去除孔边毛刺,表面还要处理磨平,使之符合要求,否则毛刺不去除干净,反而会影响拉深效果。因此,如果设想有一种工艺方法在不增加工序或不增加成本的情况下,能提高材料的成形极限能力,那么这是一件非常值得考虑的事情。而椭圆角凹模或椭圆角凸模就能实现这个要求。

7.5.4　椭圆角凹模和椭圆角凸模拉深

1.椭圆角凹模拉深

提高板料成形极限能力的新工艺,实现抑制和避免或控制板料成形中的起皱和拉裂,不外乎从提高板料的力学性能、模具结构设计方法、成形设备控制三个方面考虑。采用优良力学性能的板料会使冲压件成本提高,成形设备如变压边力控制成本高昂。相对来说,用改善模具结构设计的方法比较少,如拉深孔技术,即在凹模与板坯接触面上打微小孔的工艺方法,对提高板坯成形极限能力有一定的效果,然而在凹模上平面打孔及孔口打磨比较费时,对复杂薄板件,要通过不断地试压确定板坯流动困难的区域上打孔的密度及大小,难以在实际生产中推广开来。可控压边力压力机或可控压边缸成本太高,可由打孔毛坯取代。但是打孔后的工艺辅助边要切除,而且事先要打孔,无论是冲孔或钻孔都要求增加工序,因此都还不是一种理想的工艺方法。

由于以往研究的工艺方法都有其局限性,目前在板料拉深生产中采用比较简便而又能提高板料极限能力的工艺方法并不多。为维持正常冲压件拉深生产,一般采用刚性压边圈和圆角凹模等模具形式。在此,作者提出一种椭圆角凹模的模具结构设计或改进设计的方法。这种工艺方法的优点在于:如果在圆角凹模产生拉裂的情况下,一般要增大或磨大凹模圆角,但增大的凹模圆角又会使压料面接触面积减少而提前发生起皱,但如果在发生拉裂的情况下,将凹模圆角修磨成椭圆角或模具原来就设计成椭圆角,就会避免拉裂。许多带有法兰的冲压件产品或零件一般都设计成圆角形式(法兰边与竖直边采用圆角连接),很多情况下并非产品或零件一定要求是圆角连接,而更多的是一种设计习惯,似乎没有比圆角更适合的方式了。其实不然,从产品或零件的使用性能上来说,椭圆角与圆角并没有多大的区别,然而,对冲压拉深却有不同的效果。而且椭圆角比圆角更能提高材料的极限拉深性能。

(1) 椭圆角凹模成形力学分析

设椭圆半长轴和半短轴分别为 a 和 b,为保持筒形件直边高度 h(或拉深件高度) 不变(图 7.56),且椭圆角凹模能与圆角凹模比较,令椭圆半短轴 $b = R$,a 相当于椭圆中心相对于圆心偏移一个距离 e。图 7.57 所示是凹模入料口为椭圆角的拉深过程。

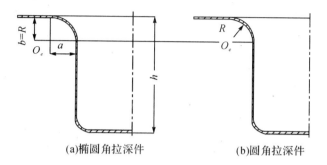

(a)椭圆角拉深件　　　　　(b)圆角拉深件

图 7.56　椭圆角与圆角拉深件

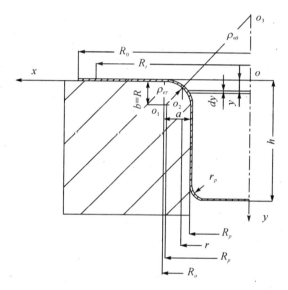

图 7.57　椭圆角的拉深过程

设板料很薄且厚度忽略不计,当凸模从板料上平面拉深至任意深度 h 时,设板料与椭圆弧任意相切点坐标为 (x_{t_0}, y_{t_0}),在切线处取微元体,当微元体足够小时,可近相似看作圆薄膜微元体,圆薄膜板料受力公式为

$$\left.\begin{array}{l} \dfrac{p_r}{\rho_{er}} + \dfrac{p_\theta}{\rho_{e\theta}} = q \\[2mm] p_r = p_s \ln \dfrac{R_t}{r} \\[2mm] p_\theta = p_s \left(\ln \dfrac{R_t}{r} - 1 \right) \end{array}\right\} \qquad (7.8)$$

123

式中，p_r—— 微元体薄膜径向力；

p_θ—— 微元体薄膜周向力；

p_s—— 变形区材料的平均抗力；

$p_{er}, \rho_{e\theta}$—— 微元体薄膜子午向曲率半径；

q—— 垂直于薄膜平面的平均压力；

R_t—— 板料由初始半径 R_0 拉深至某一时刻的凸缘半径；

r—— 板料由初始半径 R_0 拉深至某一刻的凸缘半径时问题任意点半径。

如图 7.57 所示，椭圆角凹模中心坐标 (x_{e0}, y_{e0}) 为 $(a + R_p, R)$，

因此椭圆方程为

$$\frac{[x - (a + R_p)]^2}{a^2} + \frac{(y - R)^2}{R^2} = 1 \qquad (7.9)$$

因任意弧线曲率半径为

$$\rho = \frac{[1 + y'(x)^2]^{\frac{3}{2}}}{|y''(x)|} \approx \frac{1}{|y''(x)^2|} \qquad (7.10)$$

由式(7.9)和式(7.10)可得椭圆切点 (x_{t0}, y_{t0}) 处曲率半径 p_{er} 为

$$p_{er} = \frac{a^2 \left\{ 2R^2 - \frac{R^2}{a^2}[x_{t0} - (a + R_p)] \right\}^{\frac{3}{2}}}{2R^2} \qquad (7.11)$$

椭圆在切点 (x_{t0}, y_{t0}) 处的切线方面方程为

$$\frac{[x - (a + R_p)][x_{t0} - (a + R_p)]}{(R + e)^2} + \frac{(y - R)(y_{t0} - R)}{R^2} = 1 \qquad (7.12)$$

经整理得切线方程斜率为

$$k_{te} = \frac{[x_{t0} - (a + R_p)]}{a^2} \frac{R^2}{(R - y_{t0})} \qquad (7.13)$$

得到过切点的法线方程斜率为

$$k_{ne} = \frac{a^2}{[x_{t0} - (a + R_p)]} \frac{(y_{t0} - R)}{R^2} \qquad (7.14)$$

过切点的法线（与 p_{er} 重合）为

$$y = \frac{a^2(y_{t0} - R)}{[x_{t0} - (a + R_p)]R^2} x + y_{t0} - \frac{a^2(y_{t0} - R)x_{t0}}{[x_{t0} - (a + R_p)]R^2} \qquad (7.15)$$

由此可得法线与 $y = R$ 直线坐标 (x_{n0}, y_{n0}) 为 $\left[\frac{R^2(a + R_p - x_{t0})}{(a)^2} + x_{t0}, R \right]$，

设 (x_{n0}, y_{n0}) 到 (x_{t0}, y_{t0}) 的距离为 ρ，于是

$$\rho = \sqrt{\left(\frac{R^2(a + R_p - x_{t0})}{(R + e)^2} \right)^2 + (R - y_{t0})^2} \qquad (7.16)$$

由此可得

$$\rho_{e\theta} = -\left(\frac{R_p}{\cos\alpha} - \rho\right) \tag{7.17}$$

当板料由圆板拉入椭圆角模腔位置时,根据拉深前后表面积不变,得

$$\pi R_0^2 = \pi(R_t^2 - R_a^2) + \frac{\pi}{4}[2\pi r_p(2R_p - 2r_d) + 8r_p^2] + 2\pi(h - r_p - R)R_p +$$

$$\pi(R_p - r_p)^2 + 2\pi\int_0^R\left(\sqrt{a^2 - \frac{a^2}{R^2}(y-R)^2} + a + R_p\right)\mathrm{d}y \tag{7.18}$$

整理得

$$R_t = \left[R_0^2 + R_a^2 - \frac{1}{4}[2\pi r_p(2R_p - 2r_d) + 8r_p^2] - 2(h - r_p - R)R_p\right.$$

$$\left. - (R_p - r_p)^2 - 2\int_0^R\left(\sqrt{a^2 - \frac{a^2}{R^2}(y-R)^2} + a + R_p\right)\mathrm{d}y\right]^{\frac{1}{2}} \tag{7.19}$$

由式(7.8)、式(7.11)、式(7.18)和式(7.19)便可计算得到板料拉至任意位置时,板料对椭圆角凹模的法向压力 q,由作用力相等可知,椭圆角凹模对板料的厚向压力的大小也即 q。根据应力分析,此处法向压力使板料有减薄趋势。q 愈大,板料减薄趋势愈严重。设 $a = 6.5\mathrm{mm}$,$h = R = 4.5\mathrm{mm}$,$R_p = 20.4\mathrm{mm}$,$r_p = 6\mathrm{mm}$,$R_0 = 57.5\mathrm{mm}$,$t = 2\mathrm{mm}$,椭圆中心和圆中心分别按 x 轴负方向取 $x = 1\mathrm{mm}$、$2\mathrm{mm}$、$3\mathrm{mm}$、$4\mathrm{mm}$、$5\mathrm{mm}$、$6\mathrm{mm}$,取得各切点位置坐标,并求出切点处椭圆角凹模法向压力 q_e 和圆角凹模法向压力 q_c 的大小。计算结果:采用圆角凹模时,沿水平至圆角下部的法向压力的最大值 q_{cmax} 为 0.18MPa,最小值 q_{cmin} 为 0.14MPa;而采用椭圆角凹模时,沿水平至圆角下部的法向压力最大值 q_{emax} 为 0.15MPa,最小值 q_{emin} 为 0.057MPa。图 7.58 所示为拉深初始阶段,凸模力 P 与采用椭圆角凹模时板料受到的拉深力 p_{re} 和采用圆角凹模时板料受到的拉深力 p_{rc} 的关系。图 7.58 中:拉深时采用圆角凹模,凸模力用 P_c 表示。拉深时采用椭圆角凹模,凸模力用 P_e 表示。板料拉深时,板料始终与凹模圆角处相切,凸模中心与圆角凹模拉深切点距离设为 r_c,凸模中心与椭圆角凹模拉深切点距离设为 r_e,用 γ_c 和 γ_e 分别表示采用圆角凹模和椭圆角凹模时板料切线与拉深方向夹角。由图 7.58 可得

$$P_c = 2\pi r_c p_{rc}\cos\gamma_c \tag{7.20}$$

$$P_e = 2\pi r_e p_{re}\cos\gamma_e \tag{7.21}$$

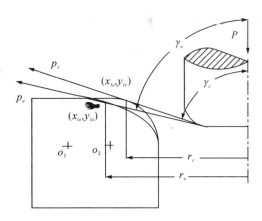

图 7.58　P 与拉深力 p_{re} 和拉深力 p_{rc} 的关系

由计算得：总有 $P_e < P_c$。

综合上述分析计算：椭圆角凹模拉深时,椭圆角凹模对板料的厚向压力小于圆角凹模对板料的厚向压力,拉深成任意时刻,椭圆角凹模拉深时产生的凸模上合力也小于圆角凹模拉深时凸模上合力。两者的共同作用控制或抑制了板料的变薄,提高了板料的承载能力。

(2) 有限元模拟及结果

圆角凹模有限元模型和椭圆角凹模有限元模型(图 7.59 和图 7.60)。

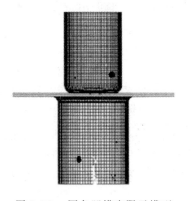

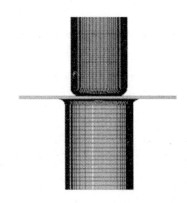

图 7.59　圆角凹模有限元模型　　　图 7.60　椭圆角凹模有限元模型

设模拟速度 $v = 2\mathrm{m/s}$,模拟结果见图 7.61 和图 7.62。图 7.61 是圆角凹模拉深深度分别为 $h = 20\mathrm{mm}$、$21\mathrm{mm}$ 后的 FLD。图 7.62 是椭圆角凹模拉深深度分别为 $h = 27\mathrm{mm}$、$28\mathrm{mm}$ 的 FLD。

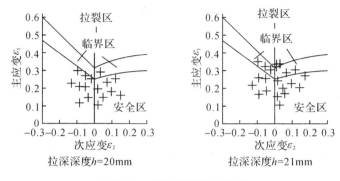

图 7.61　圆角凹模拉深 FLD

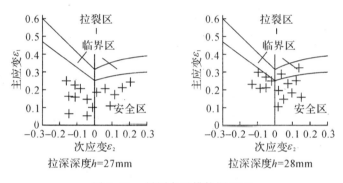

图 7.62　椭圆角凹模拉深 FLD

从图 7.61 和图 7.62 可以看出,圆角凹模拉深至 $h = 20\text{mm}$ 时,有应变点进入临界区,说明废品率比较高;而拉深至 $h = 21\text{mm}$ 时,应变点进入拉裂区,说明拉深件报废。椭圆角凹模拉深至 $h = 27\text{mm}$ 应变点都在拉裂安全成形曲线下方,说明拉深件没有发生拉裂,拉深件合格;到了拉深深度 $h = 28\text{mm}$ 时,才有应变点进入临界区。模拟结果显示椭圆角凹模与圆角凹模拉深相比能极大地提高极限成形能力。

（3）结论

拉深时,板料流经凹模椭圆角时,椭圆角凹模对板料厚向压力远小于圆角凹模,而板料厚向压力的减小抑制了板料减薄趋势,因而能提高板料的极限成形能力;椭圆角凹模拉深时,拉深凸模上的合力也小于圆角凹模时凸模上合力,因此能够提高凸模圆角上方危险断面处的承载能力;从加工性来说,加工成椭圆角凹模并不难,如果对于圆角凹模拉深不理想或者发生拉裂时,可将圆角凹模在与板料流入模腔方向加工成椭圆角凹模,可方便于调整制造模具,磨削也很方便。

2. 筒形件椭圆角凸模拉深

（1）凸模椭圆角成形力学分析

冲压件的直边与底部相连处都设计为圆角，原因之一是圆角加工比较方便，事实上，冲压件从使用功能来讲，并非一定要设计成圆角。为了不影响原设计和冲压件使用要求，使椭圆角接近圆角，设椭圆长轴和短轴分别为 $2a$ 和 $2b$，圆角半径为 R，设 $\pi ab = \pi R^2$，则 $R = \sqrt{ab}$，设 $a = 7\text{mm}$，$b = 5\text{mm}$，则 $R \approx 6\text{mm}$。图 7.63 所示是计算后确定的椭圆角与圆角拉深凸模参数。

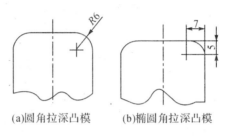

(a)圆角拉深凸模　　　(b)椭圆角拉深凸模

图 7.63　椭圆角与圆角拉深凸模

凸模圆角部分受力情况是：这部分板材料承受径向拉应力 σ_1 和切向拉应力 σ_3 的作用，而在板材的厚度方向受到凸模压力和弯曲作用而产生的压应力 σ_2。板料变形为平面应变状态，ε_1 为拉伸，ε_2 为压缩，$\varepsilon_3 = 0$，由于拉深时材料是包在凸模圆角上的，这一部分材料没有进一步参与变形或变形程度很小。所以凸模圆角处材料在拉深过程中基本不变薄或变化很小。但是如图 7.64 所示，设椭圆角凸模和圆角凸模拉深至同一拉深高度或拉深深度，在都是采用圆角凹模的情况下，采用椭圆角凸模和圆角凸模时的受力情况是略有不同的。设圆角凸模拉深时，垂直方向的凸模力用 P_c 表示；而椭圆凸模拉深时，垂直方向的凸模力用 P_e 表示，P_c 和 P_e 都与板料承载能力有关。圆角凸模拉深时，凹模上板料始终要与圆角凸模相切；同样，椭圆角凸模拉深时，凹模上板料始终要与椭圆角凸模相切，但是，无论是圆角凸模拉深或者是椭圆角凸模拉深，由于拉深为同一高度，板料与凹模上相切点为同一切点位置，切点坐标为 (x_c, y_c)，但从切点引出的板料（切线）与椭圆角凸模和圆角凸模相切点是不同的，设凸模中线到凹模切点的距离为 r，用 γ_c 和 γ_e 分别表示采用圆角凸模和椭圆角凸模时板料切线与垂直拉深方向的夹角，用 p_c 和 p_e 分别表示采用圆角凸模和椭圆角凸模时切向拉深力。根据图 7.64 可得

$$P_e = 2\pi r p_e \cos\gamma_e \qquad\qquad (7.22)$$

$$P_c = 2\pi r p_c \cos\gamma_c \qquad\qquad (7.23)$$

根据式（7.22）和式（7.23），因为 $\gamma_e > \gamma_c$ 因此有 $P_c > P_e$。

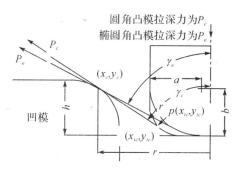

图 7.64　垂直拉深力 P_c 和 P_e 与切向拉深力 p_c 和 p_e 的关系

综合上述分析计算:当圆角凸模和椭圆角凸模拉深至同一拉深高度或拉深深度时,椭圆角凸模拉深时产生的凸模上垂直力 P_e 小于圆角凸模拉深时凸模上垂直力 P_c,使得板料的承载能力有所提高。

（2）有限元模拟及结果

椭圆角凸模拉深时和圆角凸模拉深时,在拉深深度分别为 $h=20\mathrm{mm}$ 和 $h=21\mathrm{mm}$ 时的模拟结果如图 7.65 和图 7.66 所示。

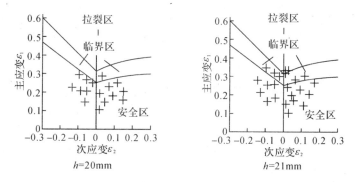

图 7.65　圆角凸模（$r=6\mathrm{mm}$）拉深结果

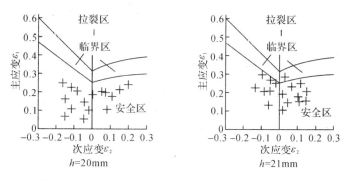

图 7.66　椭圆角凸模（$a=7\mathrm{mm},b=5\mathrm{mm}$）拉深结果

从图 7.65 和图 7.66 可以看出,圆角凸模拉深全 $h = 20\text{mm}$ 时,有应变点进入临界区,说明废品率比较高;而椭圆角凸模拉深至 $h = 20\text{mm}$ 时,应变点都在拉裂安全成形曲线下方,说明拉深件没有发生拉裂,拉深件合格。圆角凸模拉深至 $h = 21\text{mm}$ 时,应变点进入拉裂区,说明拉深件报废;而椭圆角凸模拉深至 $h = 21\text{mm}$ 时,应变点才进入临界区。

(3) 结论

拉深时,由于材料是包在凸模圆角上的,虽然这部分材料不是直接参与变形,厚度变化不大,在拉深过程中,椭圆角凸模与圆角凸模如拉深至同一拉深高度或拉深深度时,板料与圆角凹模都是相切的,两者切点相同,但此时板料与椭圆角凸模切点和与圆角凸模切点不同。

切向拉深力是沿着切线方向的,椭圆角凸模拉深时切向力 p_e 与垂直方向的夹角要大于圆角凸模拉深时切向力 p_c 与垂直方向的夹角,就使得拉深椭圆凸模上的垂直力 P_e 小于圆角凸模上垂直力 P_c,板料拉深时的承载能力与凸模垂直力有关,凸模垂直力越小,容易拉裂的凸模圆角上方危险断面处的承载能力就越高,因此,椭圆角凸模拉深比圆角凸模拉深更能提高板料的承载能力,即拉深至相同拉深高度或拉深深度时不易发生拉裂。但是与椭圆角凹模相比,拉深效果不如椭圆角凹模,就是说,椭圆角凹模对提高材料的极限拉深高度比较明显,而椭圆角凸模不明显。

如果将两者结合起来,即凸模和凹模圆角都修改成椭圆角,如图 7.67 所示,则 γ_e 和 γ_c 的差值要比单独的凸模或凹模圆角修改成椭圆角要大得多,相当于 P_e 和 P_c 的差值要比单独的凸模或凹模圆角修改成椭圆角要大得多。所以拉深效果更显著。

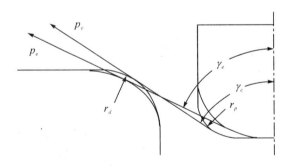

图 7.67　椭圆角的凸模和凹模

7.5.5 变凸模运动曲线对板料成形极限性能的影响

1. 引言

使用传统压力机控制薄板拉延成形,当模具结构和尺寸、板料尺寸、成形速度、润滑状态、成形温度等一定时,压边力就成为可以根据需要任意变化的可控制的唯一可变参数。因此,理想的压边力应是在保证不引起起皱的前提下的最小值,或者在拉延成形的不同瞬间,不同的变形质点所需的压边力是不同的,即压边力曲线应随变形力和变形方式的变化而变化。1975 年,Havranek 首先提出了控制压边力或变压边力控制(Variable Blank-holder Force,VBHF)的起皱曲线(WLC)的方法,开启了动态控制板料拉延过程的先河。随后 Hardt 和 Lee 提出了两种闭环控制压边力的方法:一种是在整个拉延过程中压边力恒定不变且保持在不起皱又不至于拉裂的最小水平上;另一种方法就是通过控制毛坯流进模腔内的体积来控制压边力。20 世纪 90 年代初,Hardt 等人继续用闭环控制的方法来寻求压边力最优行程曲线,掀起了变压边力研究的热潮。1992 年,Kergen 等在测量模具和压料板间隙起皱的实验中得到了最优压边力曲线,同年,Sim 等基于 Hardt 等的研究利用数值模拟的方法,得到了筒形件成形的压边力曲线。1999年,Thomas 等用同样的方法对圆形件和盒形件进行了 FEM 分析,得到了压边力行程曲线。近年来,在压边力行程曲线的预测方法上取得了许多研究成果,主要有数值模拟方法、实验方法、理论分析方法、人工智能与神经网络技术和模糊控制技术,实践和研究结果表明,对拉延成形最好采用弹性压边方法,对拉延过程中的压边力进行实时控制,然而,压边力行程曲线变化理论分析与实验结果差异较大,加载路径和实验对象不同时,最优压边力曲线无法确定,并且变压边力控制系统复杂,结构庞大,成本高昂。

随着控制技术的进步,伺服压力机能实现加载任意滑块位移和速度条件,可提供任意滑块运动特性曲线,使得压边力不再是可以根据需要任意变化的可控制的唯一可变参数。模具拉延凸模可通过相关模具零件与压力机滑块刚性连接,因此,滑块位移和速度条件或运动特性曲线就是拉延凸模产生的运动特性曲线或位移加载曲线。拉延凸模产生的拉延力过大是影响拉延过程中拉裂的主要因素之一,由于伺服压力机可做间断拉深,从拉延开始到结束可分多次完成,每次拉延均可产生小变形和小位移,因此每次所需的拉延力比较小,同时,在前一次拉延结束后,制件的刚性有所提高,再开始下一次拉延时,稳定性较前一次又有所提高;而传统机械式压力机从拉延开始到结束产生一次性大变形和大位移所需的拉延力比较大,这就是伺服压力机拉延比机械压力机拉延更能提高板料极限成形能力的原因之一。因此,加载任意的滑块运动特性曲线进行拉延控制引起了人们的关注,并于近年起步开展了相关研究。2010 年,日本学者古闲伸裕用伺服压力机输出阶梯形滑块运动特性曲线一次拉延成功一个要在普通机械式压力机上至少要 3 副模具、3 道工序、分 3 次拉延才能完成的不锈钢深筒形件。同年,Kozo Osakada 等从摩擦和润滑的角度对采用伺服压力机拉延成形的特点进行了分析;之后,常琛扬等对基于伺服压力机采用正弦滑块运动曲线,进行了离合器端盖拉延成形数值分析和实验研究,获得了高品质的拉延件,证实了间断性小变形和小位移拉延的可靠性与可行性。

相对于变压边力控制拉延过程,加载任意的滑块运动特性曲线进行拉延过程控制更方便,更容易实现,成本更低。本节对筒形件在不同的凸模运动曲线下拉深提出了见解,采用有限元模拟分析,对比了筒形件厚度减薄率,得出了台阶下降的凸模(滑块)运动曲线优于阶梯形滑块运动曲线,并能获得最大的拉深比,对采用伺服压力机拉深成形具有较大的参考指导作用。

2. 凸模运动曲线对板料拉深极限性能的影响分析

假设拉深时压边力,凸、凹模间隙,润滑条件适当,凹模圆角上方的材料首先与凹模圆角接触并受到了拉应力和凹模圆角对板料的压应力,而这部分材料处于凹模洞口,所受到的切向压应力很小,可忽略不计,所以这部分的材料主要受拉应力为主,应变也为拉应变,材料由初始厚度 t_0 减薄至 t,当这部分材料随凸模拉入凹模直壁后又继续受拉应力再减薄至 t_i 便成为危险断面。如果 $\sigma = \dfrac{F}{A} = \dfrac{F}{\pi d t_i} \geqslant [\sigma]$ 时,就发生拉裂,式中,F——危险断面拉力;A——危险断面截面积;d——近似于凹模(或凸模)直径;t_i——板料拉裂时厚度;$[\sigma]$——材料强度极限。机械式压力机从拉深开始到结束是一次完成的,是大变形、大位移的结果,所需的一次性拉力比较大。而伺服压力机可做间断拉深,从拉深开始到结束可分多次完成,每次拉深均为小变形、小位移,因此每次所需的拉力比较小,同时,在前一次拉深结束后,制件的刚性有所提高,再开始下一拉深时,稳定性较前一次又有所提高,假设拉深后期板料同样减薄至 t_i,由于所需的拉力较小,拉应力也较小,危险断面的承载能力相应就提高。这就是伺服压力机拉深比机械式压力机拉深更能提高板料极限能力的原因之一。从另外一个角度分析,金属板料可看作是许多形状极不规则的被称之晶粒或单晶体的小颗粒杂乱地嵌合成,而单晶体是金属原子按照一定的规律在空间排列而成,每个原子都在晶体占据一定位置,排列成一条条的直线,形成一个个的平面,原子之间都保持着一定的距离,拉深产生的塑性变形实际上使晶格的一部分相对另一部分产生较大的错动,错动后的晶格原子,就在新的位置上与其附近的原子组成了新的平衡,此时如果卸去了外力,原子间的距离可恢复原状,但错动了的晶格却不能再回到其原始位置了。常温下拉深,外力对板料所做的功,大部分都消耗于塑性变形并转化为热能,变形体的温度愈高,软化作用愈强,愈有利于拉深变形的进行。用机械式压力机进行拉深,如果拉深速度较低,变形体排出的热量完全来得及向周围介质传播扩散,对变形体加热软化作用影响不大,而如果拉深速度较高,热量散失机会较少,软化作用会稍有加强,但机械式压力机拉深速度低或高时产生热量扩散与否对拉深的影响并不大。这主要是由于机械式压力机拉深时滑块位移运动方式对冲压拉深在拉深件高度方向上(或拉深深度)上是连续的,拉深产生的塑性变形使晶格的一部分相对另一部分产生较大的错动,原子间的距离在拉深过程中没有恢复原状的机会,而晶格错动和原子间的距离在新的位置恢复原状又是制件刚度增加的原因之一,因此机械式压力机拉深就容易产生拉裂;而伺服压力机滑块运动变化速度要比机械式压力机快得多,如果迅速地下降一段距离后作短暂停留,一方面变形体排出的热量还未来得及向周围介质传播扩散,软化作用还在,同时,短暂停留相当于暂时卸去了外力,原子间的距离得到恢复原状的机会,因此拉深效果较好;但如果同样迅速地下降一段距离后作相对比较长时间的停留,一方面变形体排出的热量完全来得及向周围介质传播扩散,软化作用减弱,原子间距离恢复原状后产生了较大的冷作硬化效果,使得变形抗力增加,反而不利于拉深,实际上相当于首次拉深后的以后各次拉深。阶梯形凸模运动曲线的拉深效果类似于台阶凸模运动曲线,区别在于:下降后再上升这段时间间隔中,可使原子间的距离在拉深过程中得到暂时的恢复,如果上升距离不长,热量还未向周围介质传播扩散,软化作用还在;如果上升距离较长,热量已有一些向周围介质传播扩散,软化作用减弱。这两种情况的共同作用是:凸模上升,制件底部与凸模脱开,凸模下降,冲击或打击了制件,然后再与制件一起下降,制件在后一次拉深时,受到冲击力和拉力共同作用,而冲击力是不利于拉深进行的。上升距离愈大,冲击愈明显,拉深效果愈不好,甚至比不上机械式压力机拉深。

3. 有限元模型和凸模运动曲线

为了研究不同凸模运动轨迹对板料拉深极限性能的影响,观察拉深后制件的厚度减薄率,建立有限元模型的参数如下:板料厚度为 2mm,材料为 08AL,模具结构及尺寸如图 7.68 所示,$D_y = 50mm$,$d_y = 24mm$,$d_p = 20mm$,$r_p = 4mm$,$r_d = 5mm$,$d_d = 22.2mm$,毛坯直径 $D_0 = 50mm$。

工程分析软件采用 ANSYS 分析软件的 ANSYS/LS-DYNA 模块建模和求解并在 LS-PREPOST 下完成处理分析。有限元模型(图 7.69)选用 SHELL163 和 BWC(Belytschko-Wong-Chiang)算法单元及面面接触(Surface to Surf | Forming)类型,对凸、凹模圆角处网格细化并进行网格检查。

板料冲压

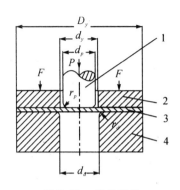

图 7.68　模具结构
1.凸模　2.压边圈　3.毛坯　4.凹模

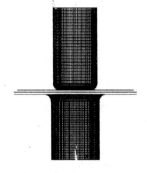

图 7.69　有限元模型

选取 4 种典型的凸模运动曲线(图 7.70),其中曲线 curve2 代表普通机械式压力机凸模运动下降曲线;其余曲线都代表伺服压力机加载的凸模运动曲线。

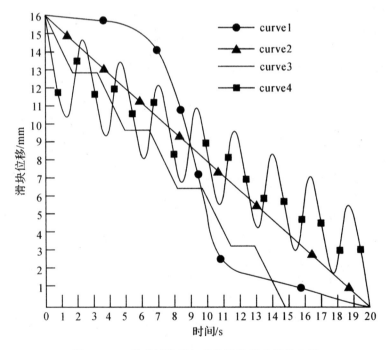

图 7.70　4 种薄板拉延加载的滑块运动特性曲线

4.模拟结果及分析

拉深后工件厚度减薄率分布或危险断面处厚度减薄率的大小是判断成形能力高低的最重要指标。将拉深后工件沿母线方向设置 9 个测量点,测量点距离约

134

3mm(图 7.71),图 7.72 所示为分别在压边力在 500N、
1000N、1500N 下对应 4 种凸模运动曲线拉深后工件的
厚度减薄率,从中看出,短台阶下降的凸模运动曲线使
工件厚度减薄率最小,比较凸模运动曲线在不同的压边
力下的危险断面处厚度减薄率,从中得到短台阶下降的
凸模运动曲线使工件危险断面处厚度减薄率最小,说明
短台阶下降的凸模运动曲线最为安全可靠。图 7.73 所
示是实验装置,图 7.74 所示是拉深件,图 7.75 所示是筒
形件各测量点测得的模拟厚度减薄率与实验厚度减薄率对比。

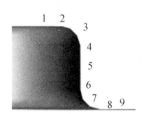

图 7.71   拉延件测量点
位置示意

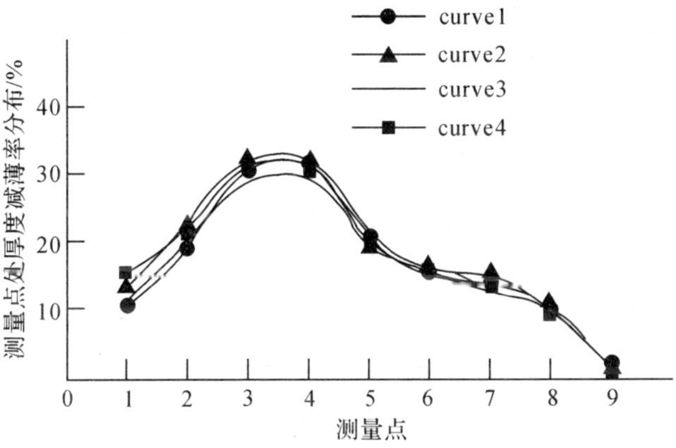

图 7.72   拉延件壁厚的厚度减薄率分布

图 7.73   实验装置

图 7.74　拉深件

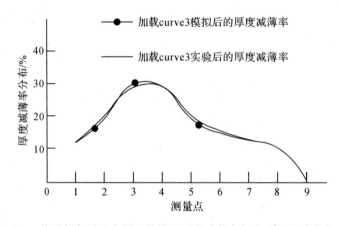

图 7.75　简形件各测量点测得的模拟厚度减薄率与实验厚度减薄率对比

5. 结论

伺服压力机滑块运动速度和位移曲线对板料拉深会产生不同的拉深效果，变形速度通过温度因素影响着金属的软化，进而影响金属的塑性，伺服压力机滑块运动变化速度和位移曲线要满足小变形、小位移，又要满足热量未向周围介质传播扩散和晶格错动及原子间的距离在拉深过程中得到暂时的恢复，同时要使得制件不能受到过大的冲击力。因此，伺服压力机滑块下降台阶式运动曲线是较理想的一种拉深曲线，能够使拉深件危险断面处厚度最大、厚度减薄率最小，提高了板料极限成形能力，是一种值得推广应用的拉深方法。

参考文献

[1]施于庆,李凌丰.板料拉深有限元模拟冲模速度研究[J].兵器材料科学与工程,2010,33(3):75—78.

[2]施于庆.冲压模具的价格估算[J].模具制造,2001,3(3):31—32.

[3]施于庆,李凌丰.带工艺孔的板坯拉深新工艺有限元模拟[J].兵工学报,2009,30(7):967—972.

[4]管爱枝,施于庆.多加强肋胀形可行性补充条件及有限元数值模拟[J].锻压技术,2013,38(3):165—169.

[5]丁明明,施于庆,黄勇.浮动凹模主动径向加压的筒形件拉深研究[J].精密成形工程,2012,4(6):9—11.

[6]丁明明,施于庆.浅盒形板壳件毛坯展开的算法研究[J].锻压技术,2009,34(1):32—35.

[7]施于庆,楼易.筒形件拉深孔成形工艺数值模拟分析[J].农业机械学报,2008,39(12):191—195.

[8]施于庆,李凌丰.压边力曲线对极限拉深高度的影响[J].塑性工程学报,2009,16(1):12—17.

[9]施于庆.抑制汽车纵梁弯曲回弹的弯曲模改进设计[J].浙江科技学院学报,2014,26(6):405—408.

[10]施于庆,管爱枝.变凸模运动曲线对板料成形极限性能的影响[J].浙江科技学院学报,2014,26(5):321—326.

[11]施于庆.冲压工艺及模具设计[M].杭州:浙江大学出版社,2012.

[12]施于庆,李凌丰.矩形盒拉延件的压边力计算研究[J].塑性工程学报,2006,13(1):29—31.

[13]丁明明,黄勇,蔡丹云.边缘周向均布小孔圆坯的杯形件拉深[J].塑性工程学报,2013,20(3):43—47.

[14]施于庆.汽车左右门框冲压工艺及拉伸模设计[J].模具工业,1999,221(37):19—21.

[15]曾金龙,管爱枝,施于庆,等.薄板拉延过程中变压边力加载曲线的研究[J].浙江科技学院学报,2009,21(3):301—304.

[16]施于庆.减小深形件的弯曲回弹方法及模具结构[J].锻压技术,2000,34(3):19—20.

[17]施于庆.小搭边值对凸凹模壁厚及材料的影响[J].金属成形工艺,1999,17(3):41—42.

[18]管爱枝,施于庆,马红萍.基于拉深孔成形技术的杯形件拉深数值模拟[J].浙江科技学院学报,2009,21(3):234—238.

[19]施于庆,管爱枝.用椭圆角凹模消除水管接头盖成形缺陷的研究[J].浙江科技学院学报,2014,26(2):186—191.

[20]施于庆.汽车制动阀安装板坯料形状与尺寸的确定[J].浙江科技学院学报,2015,27(3):186—188.

[21]施于庆.模具设计与制造[M].杭州:浙江大学出版社,2014.

[22]施于庆.滤清器支架对称压制及模具设计[J].浙江科技学院学报,2015,26(4):185—190.

[23]施于庆,曹森龙.平底复杂形状旋转体拉深件毛坯尺寸的计算[J].模具制造,2001,3(5):26—27.

[24]丁明明,许少宁,蔡丹云.新型计算机控制多点上置式变压边力拉深装置的研究[J].机电工程,2013,12(6):26—27.

[25]施于庆.孔边距对凸凹模壁厚及材料的影响[J].杭州应用工程技术学院学报,1999,11(2):27—29.

[26]施于庆.密封窗内外四向斜楔弯曲成形模设计[J].模具工业,1999,216(2):22—24.

[27]施于庆,汪小洪.小搭边值对凸凹模壁厚及材料的影响[J].金属成形工艺,1999,17(3):40—41.

[28]施于庆.用相似原理计算盒形拉深件展开尺寸[J].杭州应用工程技术学院学报,2000,12(2):17—20.

[29]Shi Yu-qing. Experimental Study of the Small Lubrical Holes on the Die Shoulder on the Formability in Cylindrical Cup Deep-Drawing[J]. Applied Mechanics and Material,2010(37).

[30]Shi Yu-qing. Improved the Quality in Deep Drawing of Rectangle Parts Using Variable Blank Holder Force[J]. Applied Mechanics and Material,2010(37).

[31]Shi Yu-qing. Numerical simulation in deep drawing of cylindrical cup with Circular diving equally small holes on holes on edge of circle blank[J]. Advanced Materials Research,2011(148).

[32]Shi Yu-qing. Numerical Simulation in deep Drawing of Cylindrical Cup with Elliptical Shape Die Shoulder[J]. Advanced Materials Research,2011(149).

索 引

[8]成形极限图(Forming Limit Diagram)　33,34,36

是一个衡量成形性能的评价指标,能有效地评价拉深成形中的起皱和破裂。

[9]变压边力(Variable Blank-holder Force,VBHF)　105,107,108,113,122,131

使用传统压力机控制薄板拉延成形,当模具结构和尺寸、板料尺寸、成形速度、润滑状态、成形温度等一定时,压边力就成为可以根据需要任意变化的可控制可调节大小的可变参数之一,理想的压边力应是在保证不引起起皱的前提下的最小值,或者在拉深成形的不同瞬间,不同的变形质点所需要的压边力是不同的,即压边力曲线应随变形力和变形方式的变化而变化。由于压边力行程曲线变化理论分析与实际结果差异较大,加载路径和实验对象不同时,最优压边力曲线还无法确定。变压边力对盒形件一类零件的拉深,利用分块压力,在不同法兰部位施加不同的压边力可取代刚性整体压边时采用的拉延肋。

[10]拉深系数　30,35,59,63,69,94,98,104

拉深后工件的直径 d 与拉深前毛坯(半成品)的直径 D 之比称为拉深系数(一般用字母 m 表示,即 $m=d/D$)。